采油工安全生产标准化操作丛书

中国石油人事部
中国石油勘探与生产分公司 编

计量间生产故障分析与处理 1

# 计量间量油时玻璃管内无液面故障及处理

石油工业出版社

**图书在版编目（CIP）数据**

计量间生产故障分析与处理 / 中国石油人事部，中国石油勘探与生产分公司编 .—北京：石油工业出版社，2019.5

（采油工安全生产标准化操作丛书）

ISBN 978-7-5183-3272-4

Ⅰ. ①计… Ⅱ. ①中… ②中… Ⅲ. ①石油开采 – 生产设备 – 故障诊断 ②石油开采 – 生产设备 – 故障修复 Ⅳ. ① TE93

中国版本图书馆 CIP 数据核字（2019）第 056097 号

---

出版发行：石油工业出版社
（北京安定门外安华里 2 区 1 号楼 100011）
网　址：www.petropub.com
编辑部：（010）64210387
图书营销中心：（010）64523633
经　　销：全国新华书店
印　　刷：北京中石油彩色印刷有限责任公司

---

2019 年 5 月第 1 版　2019 年 5 月第 1 次印刷
880 × 1230 毫米　开本：1/64　印张：5.0625
字数：80 千字

---

定价：90.00 元（全 6 册）
（如出现印装质量问题，我社图书营销中心负责调换）

# 《采油工安全生产标准化操作丛书》
## 编　委　会

# 《计量间生产故障分析与处理1 计量间量油时玻璃管内无液面故障及处理》

## 编　委　会

# 开发单位

中国石油天然气股份有限公司勘探与生产分公司

大庆油田有限责任公司人事部（党委组织部）

大庆油田有限责任公司开发部

大庆油田有限责任公司质量安全环保部

大庆油田有限责任公司第二采油厂

大庆油田有限责任公司第四采油厂

大庆油田有限责任公司第六采油厂

大庆油田有限责任公司文化集团

大庆油田有限责任公司人才开发院

大庆油田有限责任公司大庆医学高等专科学校

# 合作单位

长庆油田分公司

辽河油田分公司

新疆油田分公司

大港油田分公司

华北油田分公司

石油工业出版社

# FOREWORD 序

“求木之长者，必固其根本；欲流之远者，必浚其泉源。”2017 年，党中央、国务院印发了《新时期产业工人队伍建设改革方案》，明确指出，产业工人是工人阶级中发挥支撑作用的主体力量，是创造社会财富的中坚力量，是创新驱动发展的骨干力量，是实施制造强国战略的有生力量。同时提出，要造就一支有理想守信念、懂技术会创新、敢担当讲奉献的宏大的产业工人队伍。这充分体现了党和国家对产业工人队伍建设的关心支持。

中国石油牢固树立以人为本、质量至上、安全第一、环保优先的理念，坚持施行标准化操作作为保证安全生产、深化精细管理、实现

企业内涵发展的重要支撑。中国石油将提升员工技能水平作为抓好产业工人队伍建设的主攻方向，把标准化操作固化成基层单位和干部职工尤其是新员工的行为准则和工作标准，牢固树立“上标准岗、干标准活”的工作意识和理念，形成人人讲安全、人人会安全、人人都安全的良好局面。

守正笃实，久久为功。提升员工技能操作水平是一项长期而艰巨的任务，完善标准是基础，加强领导是保障，优化执行是根本。这需要大家积极推广标准化操作工作，不断加强和改进操作流程与标准，不断规范与完善标准化操作，引导广大员工全面提升对标准化操作的认知度，全面提升标准化操作执行力，规范本质化安全行为，推进各项工作上水平。

中国石油人事部和中国石油勘探与生产分公司共同组织编写的《采油工安全生产标准化

操作丛书》及配套的视频课件，包含中国石油各油气田单位通用性的140个基本操作，具有开发标准高、内容全面、注重安全风险、应用范围广、培训效果突出等方面优点。相对应的视频课件利用三维动画技术，通过分解、剖切等方式展示常规不可见的设备内部结构，让员工学习起来更加直观，是一套“看得懂、学得会、易掌握”的实用教材，真正做到了将“技术有形化”，填补了中国石油安全生产操作培训课件方面的空白，为进一步提升操作员工整体素质提供有力支撑。

目前，跨国公司员工培训已经进入了“互联网+培训”的员工混合式培训阶段，以多终端应用设备为载体，展现多种资源，结合线下培训和社区化学习模式，以网络化应用进行培训评估，实现可规划路径的人才发展优化培训。这套丛书从生产实际出发，以满足需求为导向，

以促进员工养成标准化操作习惯为目标，实践性和针对性都很强。同时，大批专家的参与写作使教材的权威性有了保证。丛书配套的视频课件可以满足石油员工远程移动学习，也可以满足员工单机高清自学和集中学习。这样就形成了三位一体的员工培训模式，逐步迈入员工混合式培训阶段。希望这套丛书的出版发行，能为促进中国石油员工培训工作的深入开展，为促进员工操作技能水平的不断提升，为推动油气主业高质量发展，为实现中国石油建成世界一流综合性国际能源公司作出积极贡献。

中国石油天然气集团有限公司
总经理助理、人事部总经理 刘志华

# PREFACE 前言

采油工是油田企业主体关键工种之一，在中国石油操作类员工中占比较大，采油工技能水平的高低，对油田的安全平稳生产起到至关重要的作用。为进一步提高采油工的基本素质和业务技能水平，中国石油人事部和中国石油勘探与生产分公司于 2016 年联合启动了采油工安全生产标准化操作视频培训课件开发项目，成立了课件编委会，委托大庆油田公司负责课件具体编制工作，并确定长庆、辽河、新疆、大港、华北 5 家油田公司和石油工业出版社，共同配合大庆油田做好视频培训课件编制工作。

课件开发过程中，大庆油田高度重视，按照“实际、实用、实效”的原则，专门成立了

课件开发工作领导组，组织公司人事部、开发部、安全环保部、第二采油厂、第四采油厂等9个部门和二级单位共同参与，共计抽调了100余名专家参与项目的研发设计。勘探与生产分公司加强过程监督和质量把控,针对开发方案、课件脚本、制作标准、课件样片等内容，按照不同工作节点先后组织三次大的集中审核会议，邀请中国石油各油田行业专家建言献策，为提高课件的通用性和实用性奠定坚实基础。大庆油田按照总体工作要求，历时两年，完成了视频培训课件的编制任务，并同步完成《采油工安全生产标准化操作丛书》的编写工作。本套丛书紧贴油田生产实际，以采油工岗位职责为依据，包含《安全防护用具使用》《工具、用具、量具使用》《采油工艺简介》《抽油机井标准化操作》《电动潜油泵井标准化操作》《电动螺杆泵井标准化操作》《注水井标准化操作》

《计量间标准化操作》《抽油机井生产故障分析与处理》《电动潜油泵井生产故障分析与处理》《电动螺杆泵井生产故障分析与处理》《注水井生产故障分析与处理》《计量间生产故障分析与处理》《现场应急救护》，共 14 种 140 个分册。本套丛书具有突出的实用性和规范性特点，可广泛用于新员工岗前培训、日常岗位练兵、鉴定考前培训、师徒帮带、技能竞赛等学习培训活动。

希望本套丛书能够为各石油企业提供借鉴，为今后采油工岗位培训的扎实有效开展提供有力保障。由于各油田在采油工艺、设备等方面存在差异性，书中难免有不足之处，敬请读者批评指正。

编者

2018 年 8 月

# CONTENTS 目录

## 故障现象

玻璃管量油是根据连通器平衡的原理，采用定容积计算方法计算产液量。量油过程中，玻璃管内无液面时，分离器呈现两种现象：一种是分离器内液位上升；另一种是分离器内液位不上升。

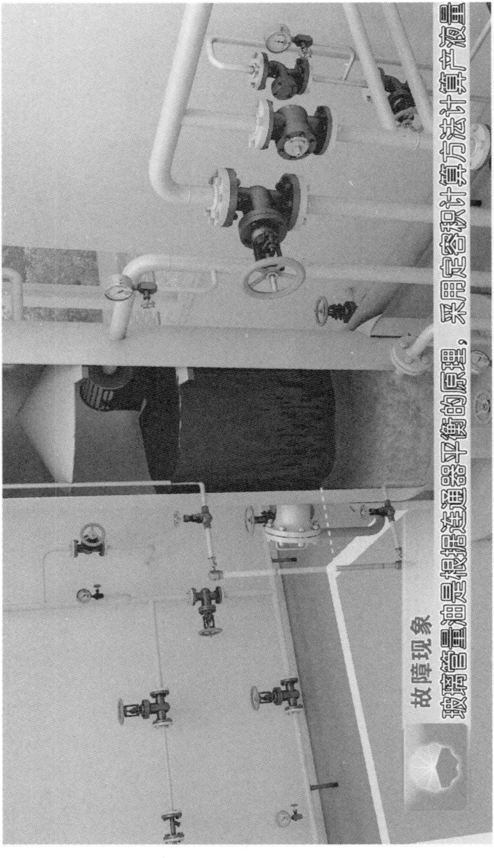
故障现象
玻璃管量油是根据连通器平衡的原理，采用定容积计算方法计算产液量

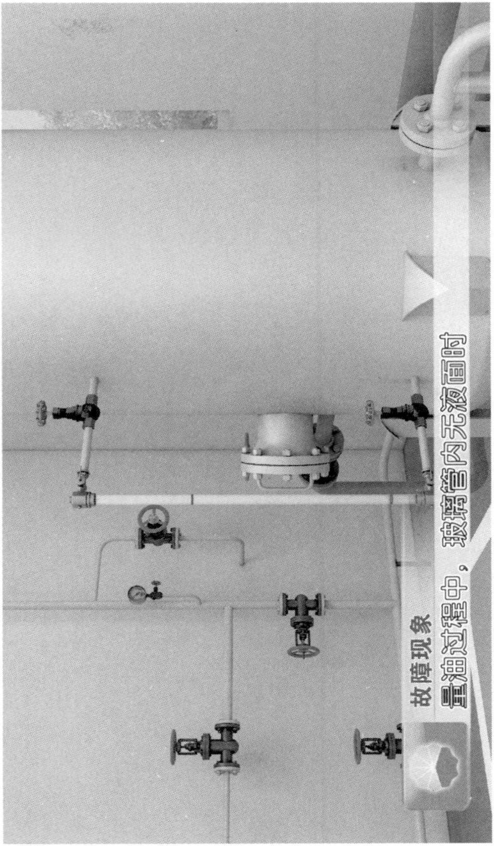
故障现象
量油过程中，玻璃管内无液面时

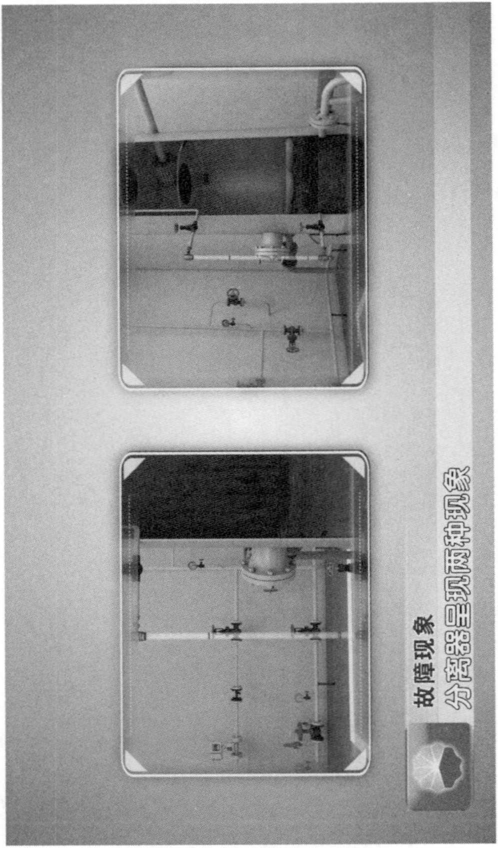
故障现象
分离器呈现两种现象

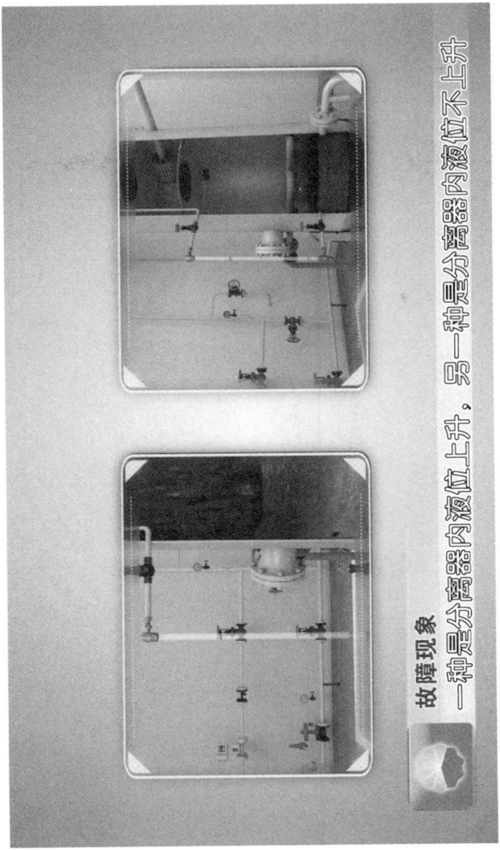
故障现象
一种是分离器内液位上升，另一种是分离器内液位不上升

## 故障原因

（1）量油时单井计量阀门、单井回油阀门或分离器进口阀门损坏，导致井液无法进入分离器，玻璃管内无液面上升。

故障原因
单井回油阀门

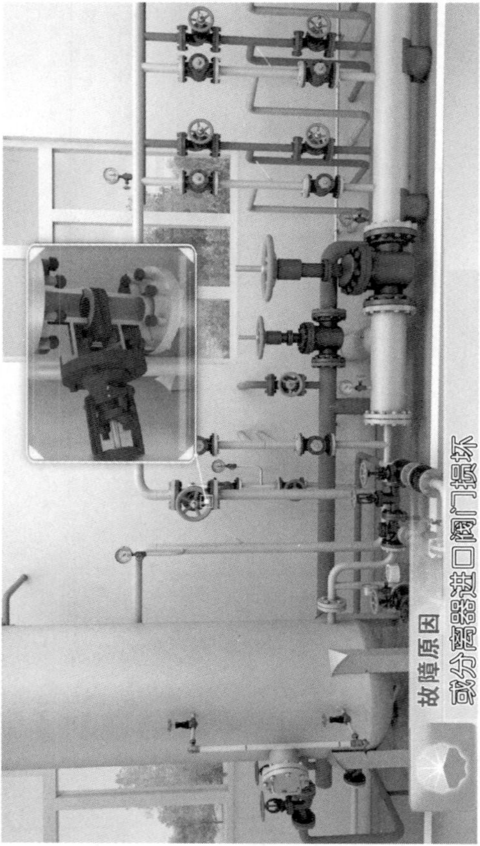
故障原因
或分离器进口阀门损坏

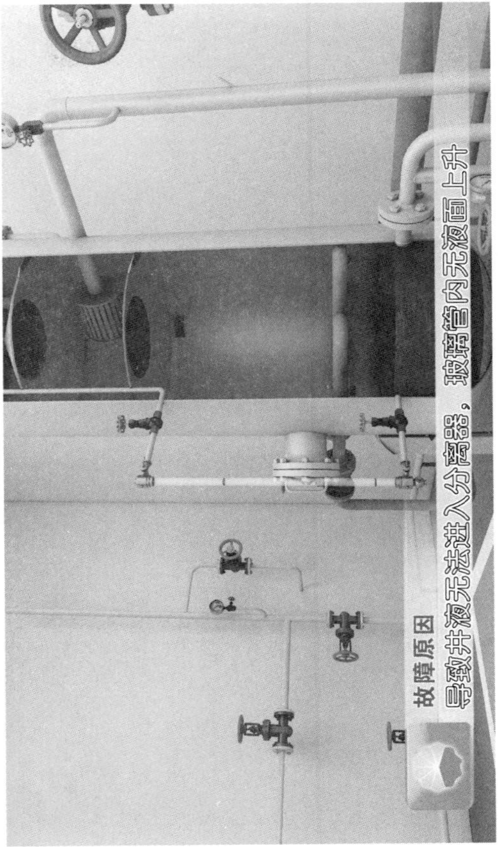
故障原因
导致井液无法进入分离器，玻璃管内无液面上升

（2）分离器出口阀门漏失严重，使液流进到分离器后直接从出口阀门进入汇管，导致玻璃管内无液面。

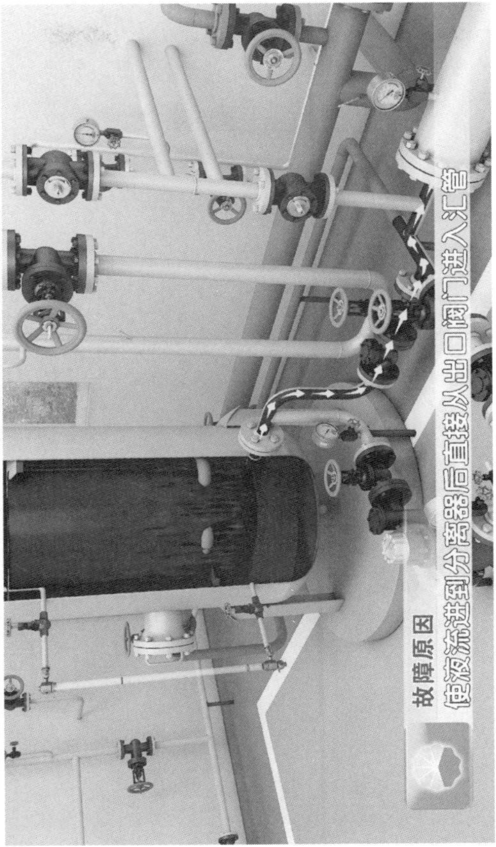
故障原因
使液流进到分离器后直接从出口阀门进入汇管

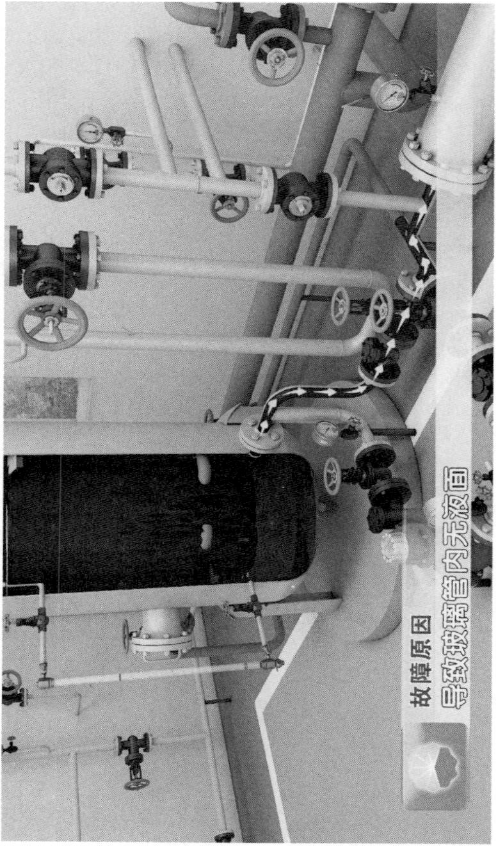
故障原因
导致玻璃管内无液面

（3）油井无产量或回油管线堵塞，量油时分离器内不进液，玻璃管无液面。

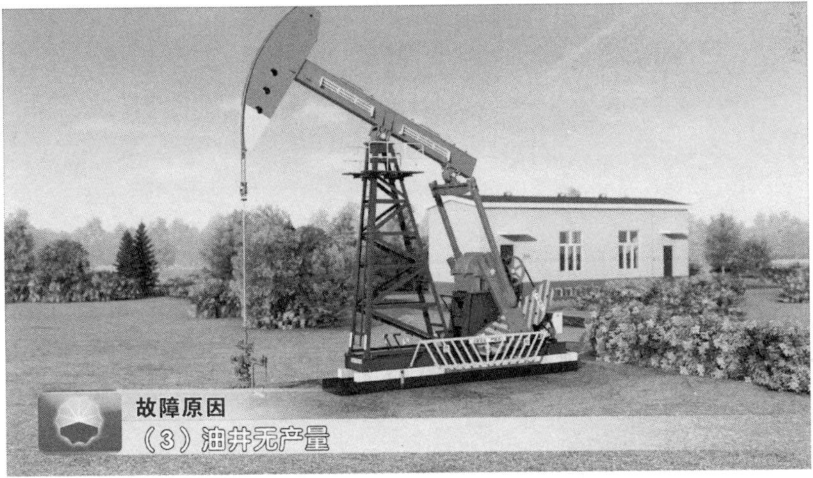

故障原因
或回油管线堵塞

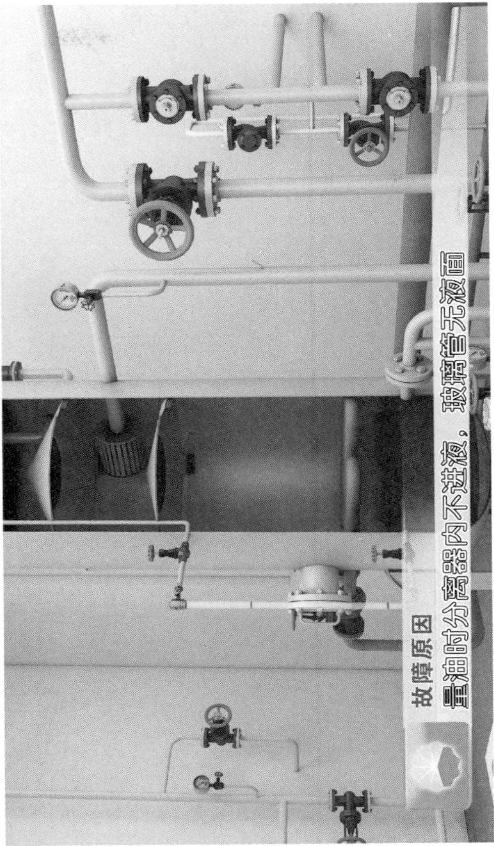
故障原因
量油时分离器内不进液，玻璃管无液面

（4）玻璃管上部控制阀门、下部控制阀门没开或下部控制阀门堵塞，分离器内有液位，但是玻璃管内无液面。

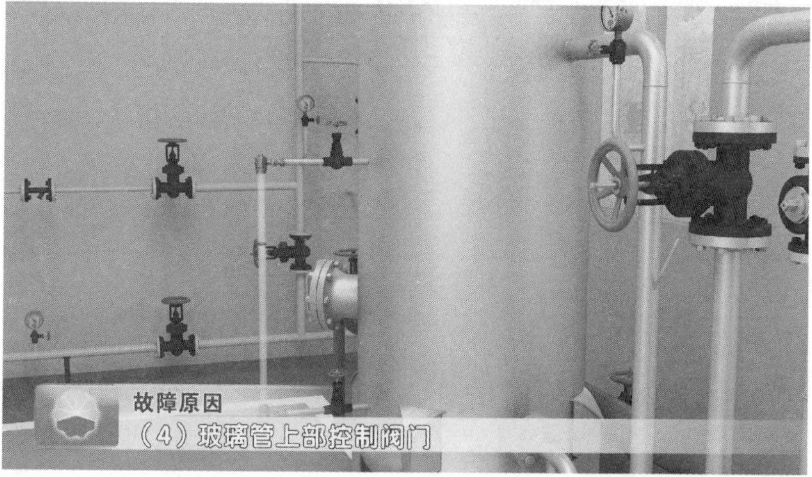

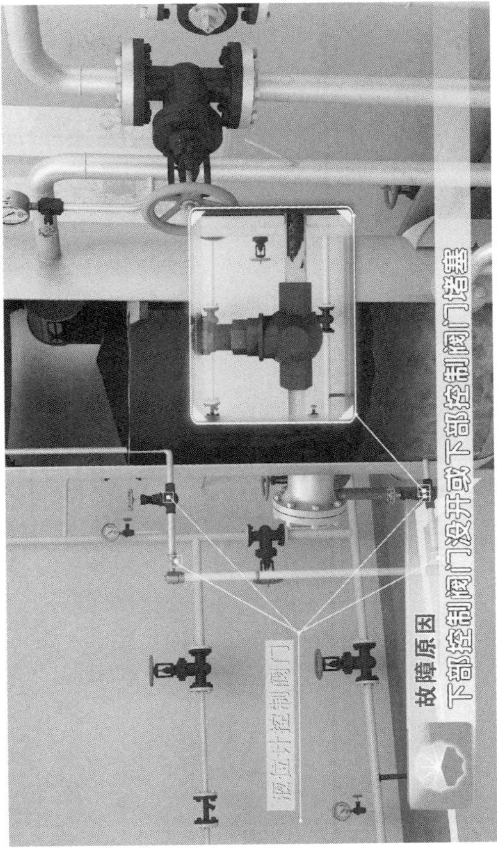
故障原因
下部控制阀门没开或下部控制阀门堵塞
液位计控制阀门

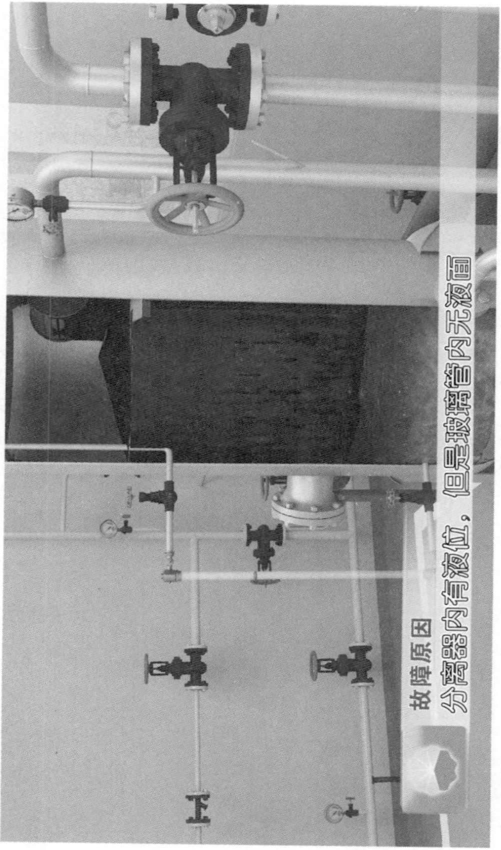
故障原因
分离器内有液位，但是玻璃管内无液面

（5）分离器严重缺底水，凝结油堵塞液位计下部进口，玻璃管内无液面。

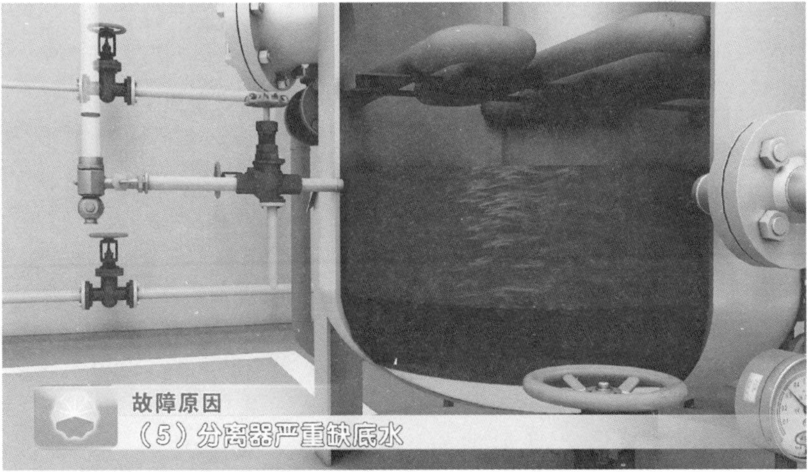

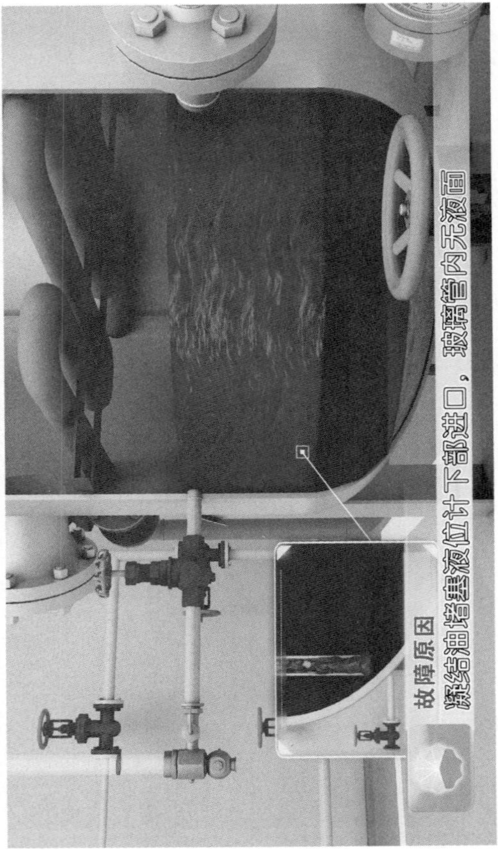
故障原因
凝结油堵塞液位计下部进口，玻璃管内无液面

## 处理方法

### 安全提示

处理计量间内故障时，应首先打开门窗进行通风换气。如计量间内发生硫化氢等有毒有害气体泄漏时，应对其进行检测和安全风险评估，排除中毒、火灾、爆炸等安全隐患后方可进行操作。

（1）因阀门故障导致量油时无液位，应及时维修或更换。

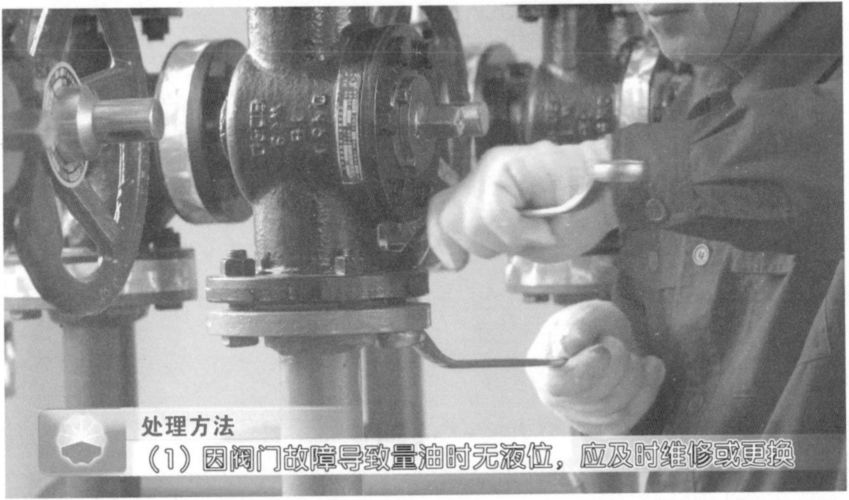
处理方法
（1）因阀门故障导致量油时无液位，应及时维修或更换

（2）通过电流法、憋压法、试泵法、井口呼吸观察法、示功图法核实油井出油状况。

处理方法
试泵法、井口呼吸观察法

处理方法
示功图法核实油井出油状况

（3）当回油管线堵塞时，应对管线进行解堵。

（4）打开玻璃管上部控制阀门、下部控制阀门。下部控制阀门堵塞时，首先对堵塞阀门冲洗，冲洗不通应更换阀门。

处理方法
（4）打开玻璃管上部控制阀门、下部控制阀门

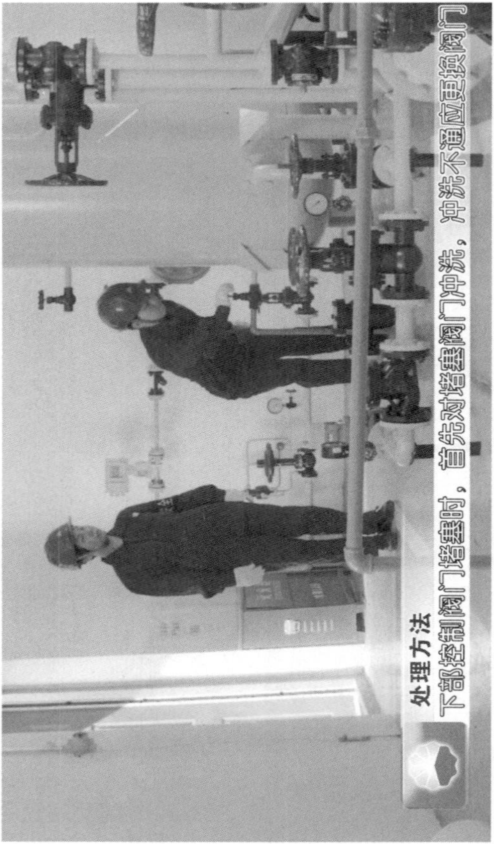
处理方法
下部控制阀门堵塞时，首先对堵塞阀门冲洗，冲洗不通应更换阀门

（5）当分离器底水不够时造成液位计进口堵塞，倒热水进分离器，解堵。

处理方法
（5）当分离器底水不够时造成液位计进口堵塞

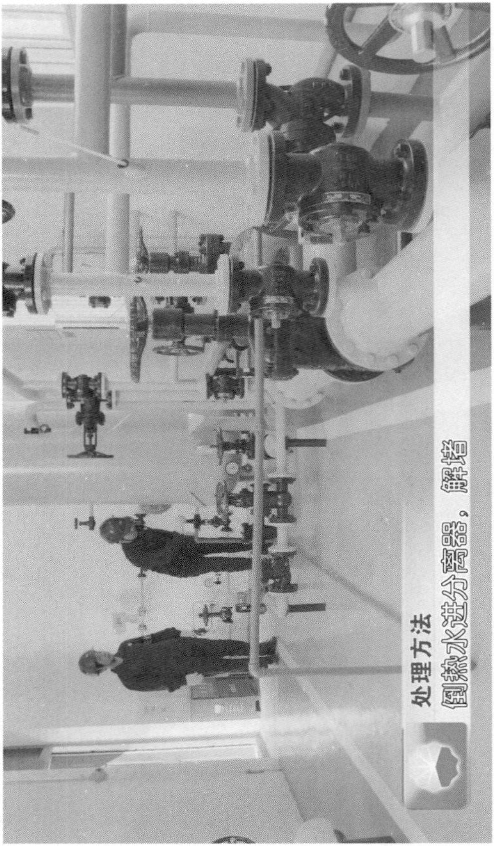
处理方法
倒热水进分离器，解堵

# 试　题

## 一、选择题（不限单选）

1. 计量间常用的计量分离器有（　），是最主要的油气计量设备，是一种低压容器设备。

A. 立式计量分离器

B. 四合一卧式分离器

C. 球式计量分离器

D. 真空计量分离器

2. 分离器（　）漏失严重，使液流进到分离器后直接进入汇管，导致玻璃管内无液面。

A. 进口阀门　　B. 出口阀门

C. 单井计量阀门　　D. 单井掺水阀门

3. 计量间分离器严重缺底水，凝结油堵塞液位计（　），造成玻璃管内无液面。

A. 上部进口　　B. 下部进口

C. 上部出口　　　　D. 下部出口

4. 量油时单井计量阀门、单井回油阀门或分离器进口阀门损坏，导致（　）不通，井液无法进入分离器，玻璃管内无液面上升。

A. 生产流程　　　　B. 掺水流程

C. 热洗流程　　　　D. 计量流程

5.（　）是根据连通器平衡原理，采用定容积计算方法，计算产液量。

A. 玻璃管量油　　　B. 翻斗自动量油

C. 量油池量油　　　D. 流量计量油

**二、判断题**

1. 玻璃管量油设备正常的情况下，玻璃管内无液位，分离器内有液位。（　）

2. 计量间量油时，玻璃管上部控制阀门、下部控制阀门没开或下部控制阀门堵塞，分离器内无液位，但是玻璃管内有液面。（　）

3. 油井无产量，计量间量油时分离器内不

进液，玻璃管内无液面。（ ）

4. 计量间量油时，玻璃管内无液面有两种情况：一是计量设备故障，玻璃管内无液位，分离器有液位，二是油井不出油玻璃管内无液位，分离器内也无液位。（ ）

5. 油井无产量时，可以通过电流法、憋压法、示功图法等进行核实验证。（ ）

# 试题参考答案

## 一、选择题

| 题号 | 1 | 2 | 3 | 4 | 5 |
|---|---|---|---|---|---|
| 答案 | A | B | B | D | A |

## 二、判断题

| 题号 | 1 | 2 | 3 | 4 | 5 |
|---|---|---|---|---|---|
| 答案 | × | × | √ | √ | √ |

# 《计量间生产故障分析与处理》

| 分册序号 | 分册书名 |
| --- | --- |
| 1 | 计量间量油时玻璃管内无液面故障及处理 |
| 2 | 计量间量油不准故障及处理 |
| 3 | 计量间分离器冒罐故障及处理 |
| 4 | 计量间分离器量油系统管线冻堵故障及处理 |
| 5 | 计量间法兰垫片或压力表刺漏故障及处理 |
| 6 | 计量间掺水或回油管线穿孔故障及处理 |

采油工安全生产标准化操作丛书

中国石油人事部
中国石油勘探与生产分公司 编

## 计量间生产故障分析与处理 2

# 计量间量油不准故障及处理

石油工业出版社

**图书在版编目（CIP）数据**

计量间生产故障分析与处理 / 中国石油人事部，中国石油勘探与生产分公司编 .—北京：石油工业出版社，2019.5

（采油工安全生产标准化操作丛书）

ISBN 978-7-5183-3272-4

Ⅰ.①计… Ⅱ.①中… ②中… Ⅲ.①石油开采 - 生产设备 - 故障诊断 ②石油开采 - 生产设备 - 故障修复 Ⅳ.① TE93

中国版本图书馆 CIP 数据核字（2019）第 056097 号

---

出版发行：石油工业出版社
（北京安定门外安华里 2 区 1 号楼 100011）
网　址：www.petropub.com
编辑部：（010）64210387
图书营销中心：（010）64523633
经　　销：全国新华书店
印　　刷：北京中石油彩色印刷有限责任公司

---

2019 年 5 月第 1 版　2019 年 5 月第 1 次印刷
880 × 1230 毫米　开本：1/64　印张：5.0625
字数：80 千字

---

定价：90.00 元（全 6 册）
（如出现印装质量问题，我社图书营销中心负责调换）

# 《采油工安全生产标准化操作丛书》

## 编　委　会

# 《计量间生产故障分析与处理2 计量间量油不准故障及处理》
## 编 委 会

# 开发单位

中国石油天然气股份有限公司勘探与生产分公司

大庆油田有限责任公司人事部（党委组织部）

大庆油田有限责任公司开发部

大庆油田有限责任公司质量安全环保部

大庆油田有限责任公司第二采油厂

大庆油田有限责任公司第四采油厂

大庆油田有限责任公司第六采油厂

大庆油田有限责任公司文化集团

大庆油田有限责任公司人才开发院

大庆油田有限责任公司大庆医学高等专科学校

# 合作单位

长庆油田分公司

辽河油田分公司

新疆油田分公司

大港油田分公司

华北油田分公司

石油工业出版社

# FOREWORD 序

“求木之长者，必固其根本；欲流之远者，必浚其泉源。”2017 年，党中央、国务院印发了《新时期产业工人队伍建设改革方案》，明确指出，产业工人是工人阶级中发挥支撑作用的主体力量，是创造社会财富的中坚力量，是创新驱动发展的骨干力量，是实施制造强国战略的有生力量。同时提出，要造就一支有理想守信念、懂技术会创新、敢担当讲奉献的宏大的产业工人队伍。这充分体现了党和国家对产业工人队伍建设的关心支持。

中国石油牢固树立以人为本、质量至上、安全第一、环保优先的理念，坚持施行标准化操作作为保证安全生产、深化精细管理、实现

企业内涵发展的重要支撑。中国石油将提升员工技能水平作为抓好产业工人队伍建设的主攻方向，把标准化操作固化成基层单位和干部职工尤其是新员工的行为准则和工作标准，牢固树立“上标准岗、干标准活”的工作意识和理念，形成人人讲安全、人人会安全、人人都安全的良好局面。

守正笃实，久久为功。提升员工技能操作水平是一项长期而艰巨的任务，完善标准是基础，加强领导是保障，优化执行是根本。这需要大家积极推广标准化操作工作，不断加强和改进操作流程与标准，不断规范与完善标准化操作，引导广大员工全面提升对标准化操作的认知度，全面提升标准化操作执行力，规范本质化安全行为，推进各项工作上水平。

中国石油人事部和中国石油勘探与生产分公司共同组织编写的《采油工安全生产标准化

操作丛书》及配套的视频课件，包含中国石油各油气田单位通用性的140个基本操作，具有开发标准高、内容全面、注重安全风险、应用范围广、培训效果突出等方面优点。相对应的视频课件利用三维动画技术，通过分解、剖切等方式展示常规不可见的设备内部结构，让员工学习起来更加直观，是一套“看得懂、学得会、易掌握”的实用教材，真正做到了将“技术有形化”，填补了中国石油安全生产操作培训课件方面的空白，为进一步提升操作员工整体素质提供有力支撑。

目前，跨国公司员工培训已经进入了“互联网+培训”的员工混合式培训阶段，以多终端应用设备为载体，展现多种资源，结合线下培训和社区化学习模式，以网络化应用进行培训评估，实现可规划路径的人才发展优化培训。这套丛书从生产实际出发，以满足需求为导向，

以促进员工养成标准化操作习惯为目标，实践性和针对性都很强。同时，大批专家的参与写作使教材的权威性有了保证。丛书配套的视频课件可以满足石油员工远程移动学习，也可以满足员工单机高清自学和集中学习。这样就形成了三位一体的员工培训模式，逐步迈入员工混合式培训阶段。希望这套丛书的出版发行，能为促进中国石油员工培训工作的深入开展，为促进员工操作技能水平的不断提升，为推动油气主业高质量发展，为实现中国石油建成世界一流综合性国际能源公司作出积极贡献。

中国石油天然气集团有限公司
总经理助理、人事部总经理　刘志华

# PREFACE 前言

采油工是油田企业主体关键工种之一，在中国石油操作类员工中占比较大，采油工技能水平的高低，对油田的安全平稳生产起到至关重要的作用。为进一步提高采油工的基本素质和业务技能水平，中国石油人事部和中国石油勘探与生产分公司于2016年联合启动了采油工安全生产标准化操作视频培训课件开发项目，成立了课件编委会，委托大庆油田公司负责课件具体编制工作，并确定长庆、辽河、新疆、大港、华北5家油田公司和石油工业出版社，共同配合大庆油田做好视频培训课件编制工作。

课件开发过程中，大庆油田高度重视，按照“实际、实用、实效”的原则，专门成立了

课件开发工作领导组，组织公司人事部、开发部、安全环保部、第二采油厂、第四采油厂等9个部门和二级单位共同参与，共计抽调了100余名专家参与项目的研发设计。勘探与生产分公司加强过程监督和质量把控,针对开发方案、课件脚本、制作标准、课件样片等内容，按照不同工作节点先后组织三次大的集中审核会议，邀请中国石油各油田行业专家建言献策，为提高课件的通用性和实用性奠定坚实基础。大庆油田按照总体工作要求，历时两年，完成了视频培训课件的编制任务，并同步完成《采油工安全生产标准化操作丛书》的编写工作。本套丛书紧贴油田生产实际，以采油工岗位职责为依据，包含《安全防护用具使用》《工具、用具、量具使用》《采油工艺简介》《抽油机井标准化操作》《电动潜油泵井标准化操作》《电动螺杆泵井标准化操作》《注水井标准化操作》

《计量间标准化操作》《抽油机井生产故障分析与处理》《电动潜油泵井生产故障分析与处理》《电动螺杆泵井生产故障分析与处理》《注水井生产故障分析与处理》《计量间生产故障分析与处理》《现场应急救护》，共 14 种 140 个分册。本套丛书具有突出的实用性和规范性特点，可广泛用于新员工岗前培训、日常岗位练兵、鉴定考前培训、师徒帮带、技能竞赛等学习培训活动。

希望本套丛书能够为各石油企业提供借鉴，为今后采油工岗位培训的扎实有效开展提供有力保障。由于各油田在采油工艺、设备等方面存在差异性，书中难免有不足之处，敬请读者批评指正。

编者

2018 年 8 月

# CONTENTS 目录

# 故障现象

油井产液量是反映油井生产动态的基础数据，正常生产时，油井产液量相对比较稳定或逐渐变化。

故障现象
油井产液量是反映油井生产动态的基础数据

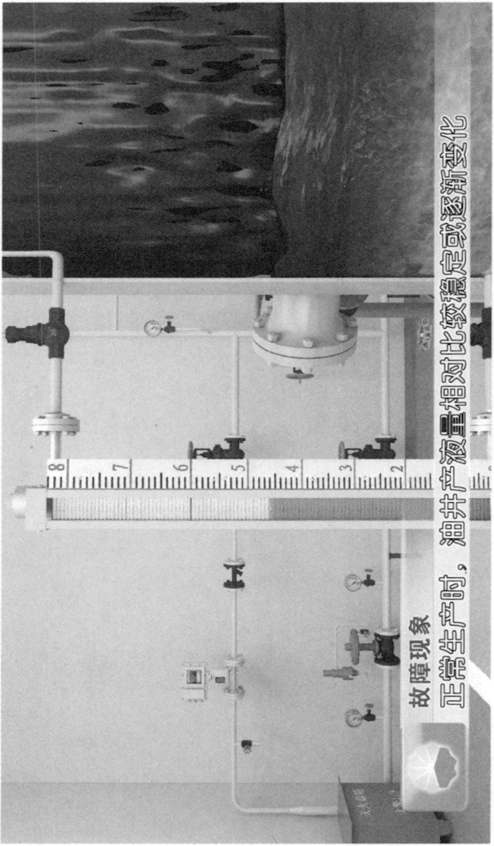
故障现象
正常生产时，油井产液量相对比较稳定或逐渐变化

由于量油不准，导致两次计量误差较大。

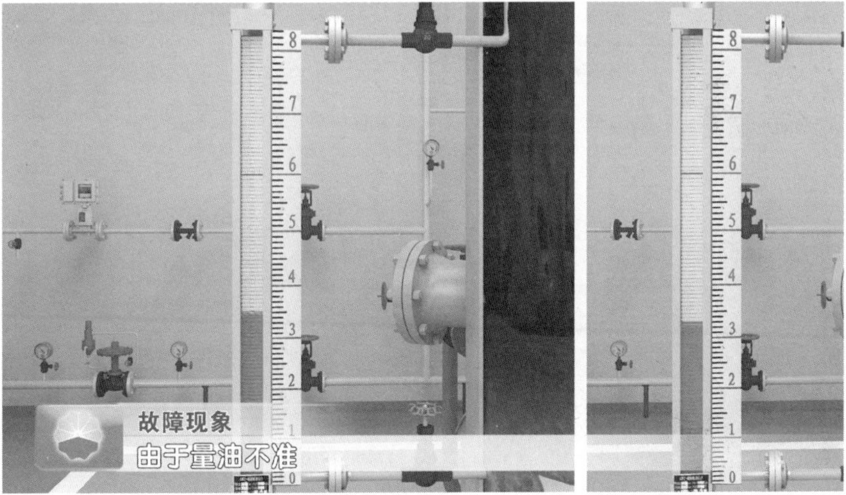

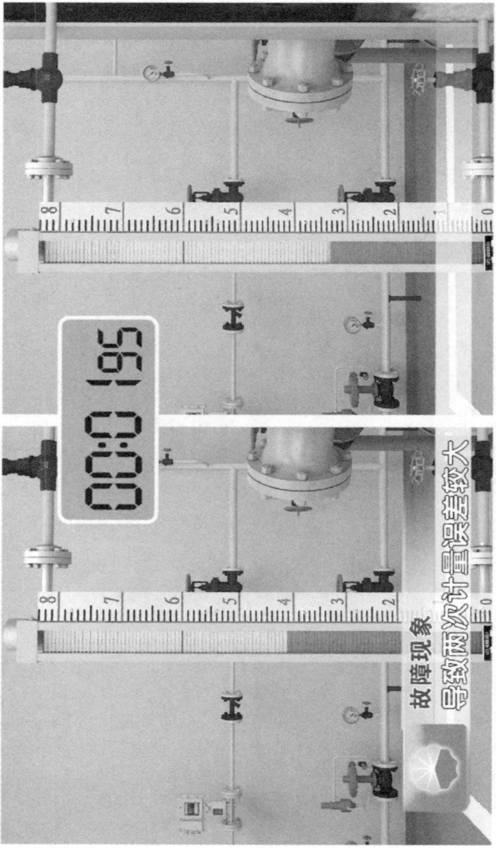
故障现象
导致两次计量误差较大

不能真实反映单井的产液能力，从而影响对油井的分析、判断。

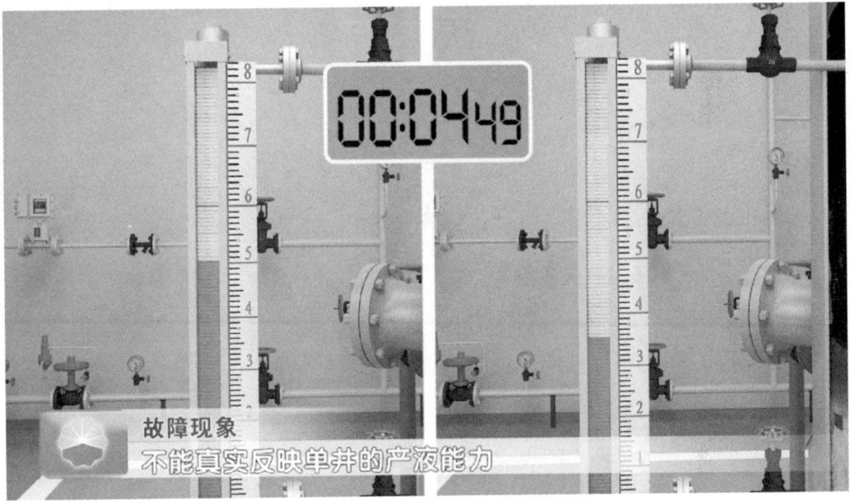
00:04 49
故障现象
不能真实反映单井的产液能力

故障现象
从而影响对油井的分析、判断

## 故障原因

（1）单井计量阀门未打开或打开时阀杆动、球体不动。油井计量时，由于阀门不通，井液不能进入计量汇管，导致分离器液面不上升。

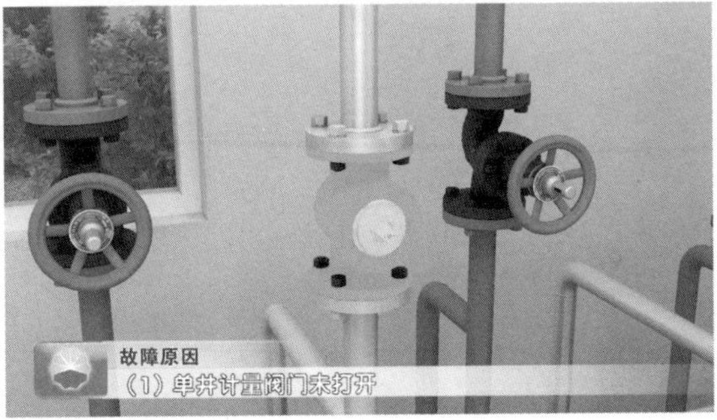

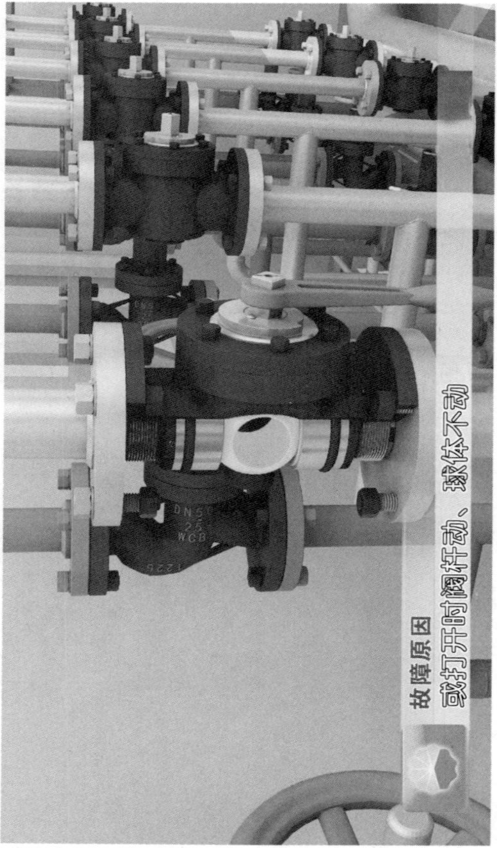
故障原因
或打开时阀杆动、球体不动

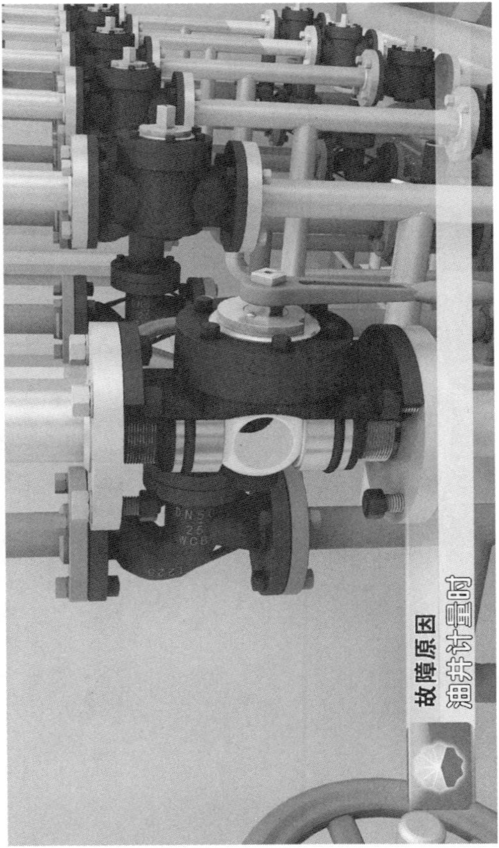
故障原因
油井计量时

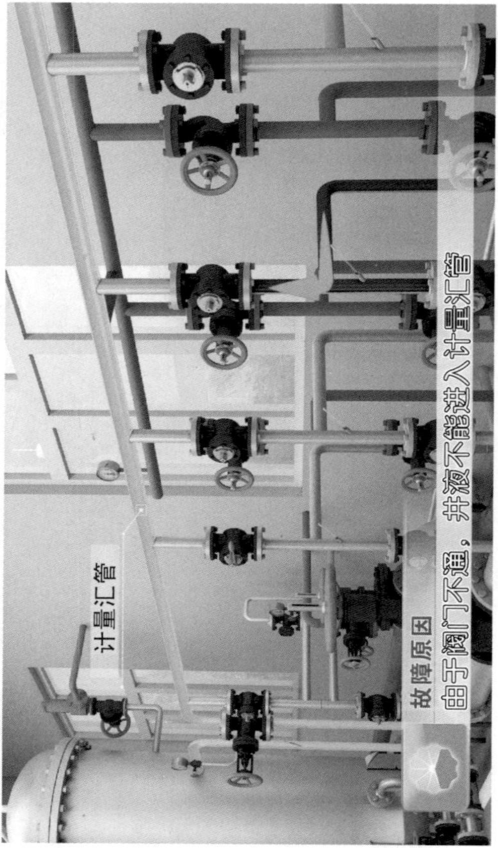
计量汇管
故障原因
由于阀门不通，井液不能进入计量汇管

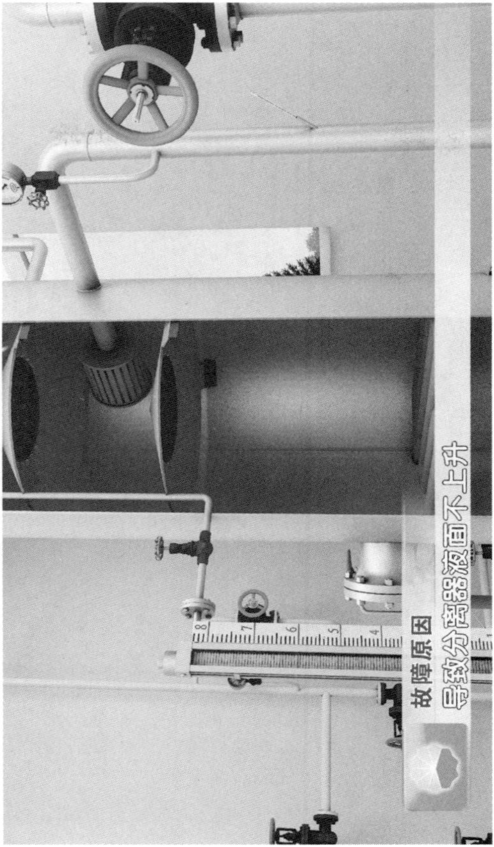
故障原因
导致分离器液面不上升

（2）分离器进口阀门未打开或进口阀门闸板脱落。油井计量时，由于分离器进口阀门不通，使井液无法进入分离器，使分离器液面不上升。

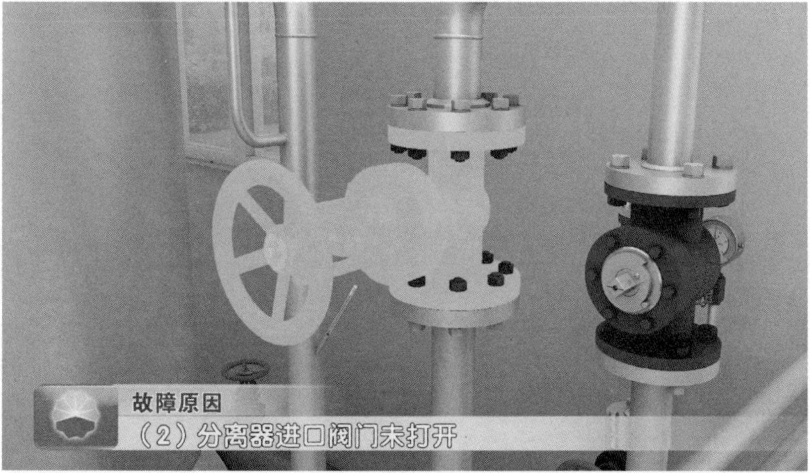

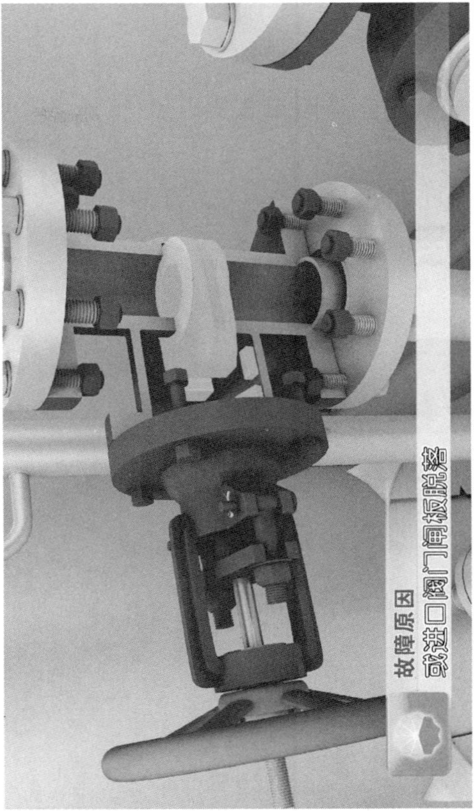
故障原因
或进口阀门闸板脱落

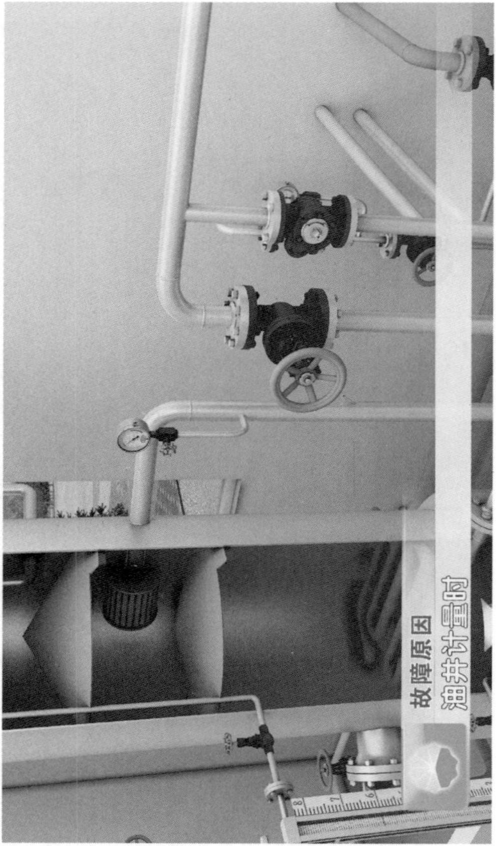
故障原因
油井计量时

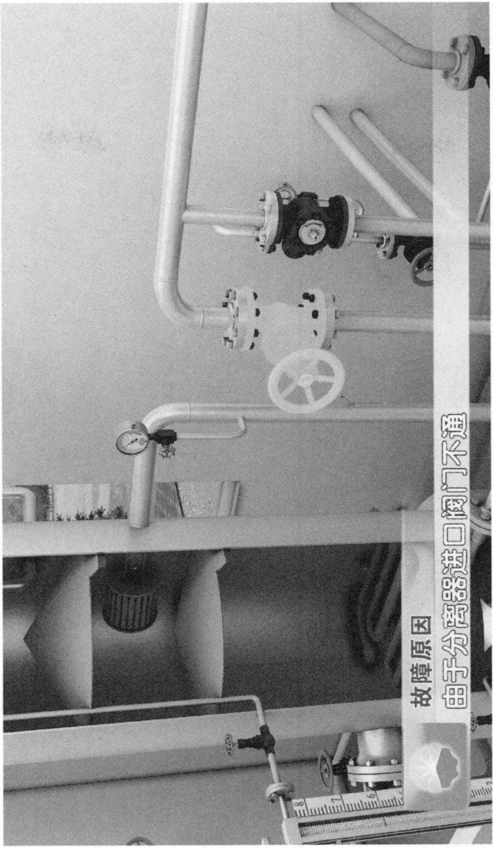
故障原因
由于分离器进口阀门不通

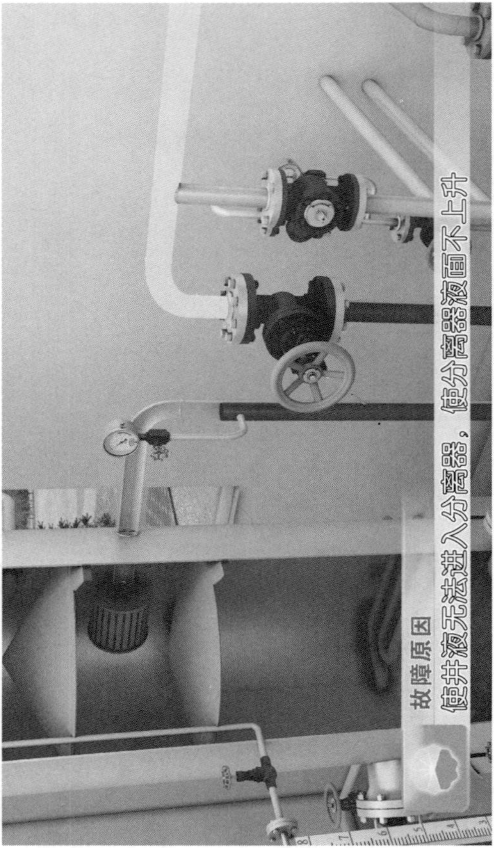
故障原因
使井液无法进入分离器，使分离器液面不上升

（3）气平衡阀门损坏，导致未打开。分离器内压力不断上升，液面在一定时间内上升缓慢或不上升。

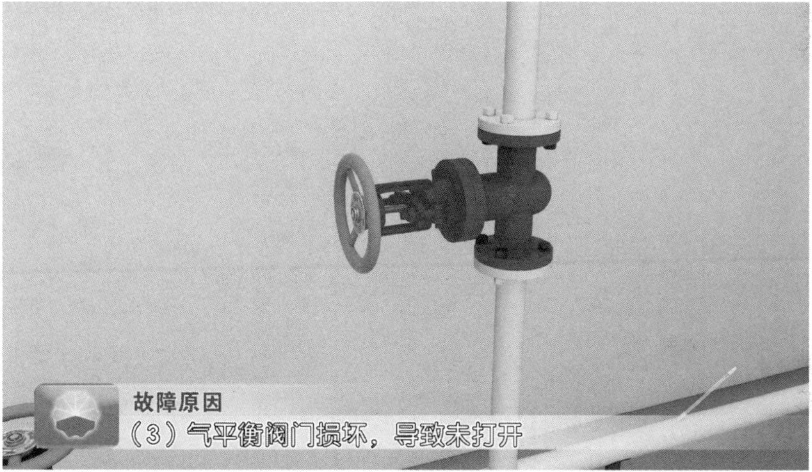

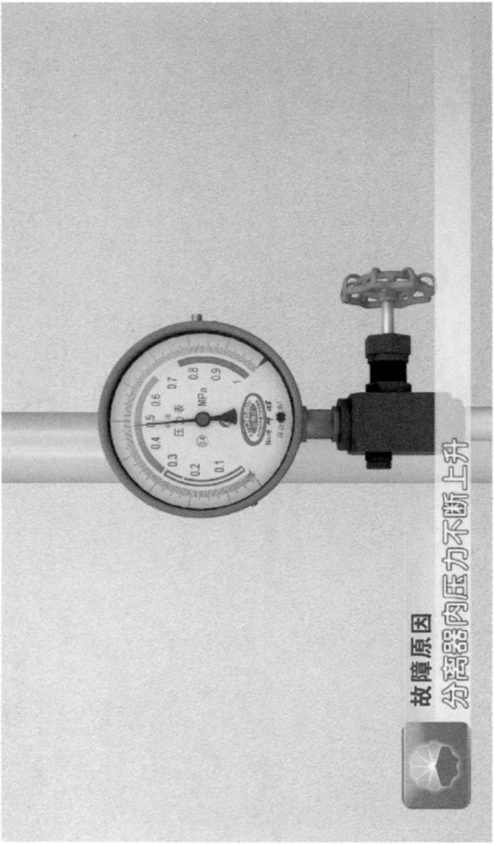
故障原因
分离器内压力不断上升

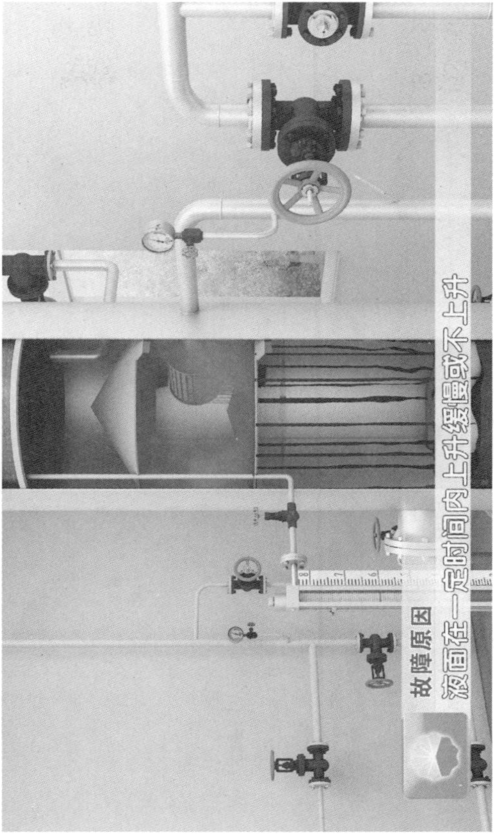
故障原因
液面在一定时间内上升缓慢或不上升

（4）集油管线泄漏、冻堵，单井回油阀门不严或其他井计量阀门不严等原因，油井计量时井液不能全部进入计量分离器，导致分离器液面上升缓慢或不上升。

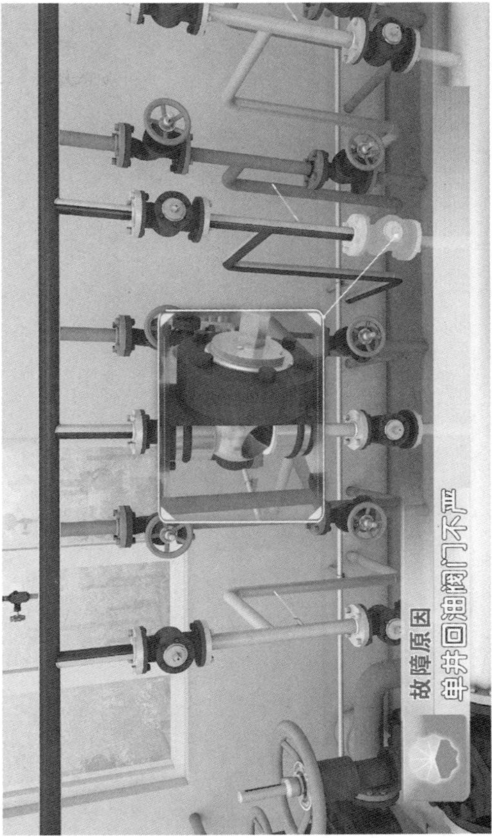
故障原因
单井回油阀门不严

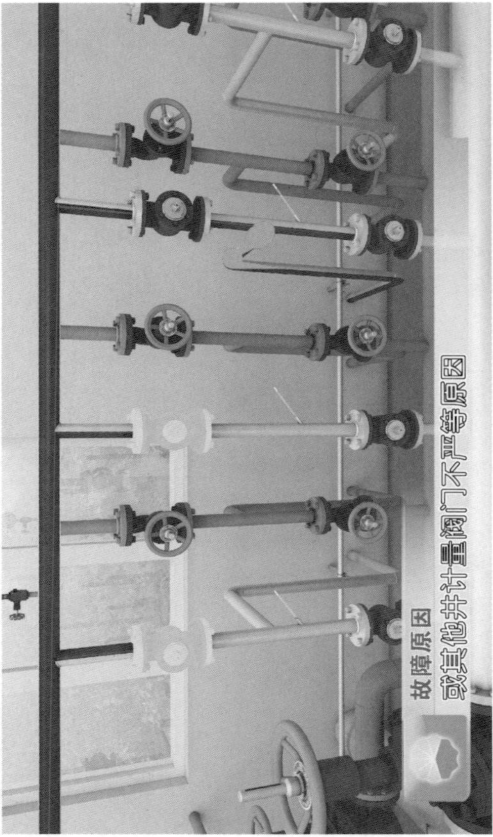
故障原因
或其他井计量阀门不严等原因

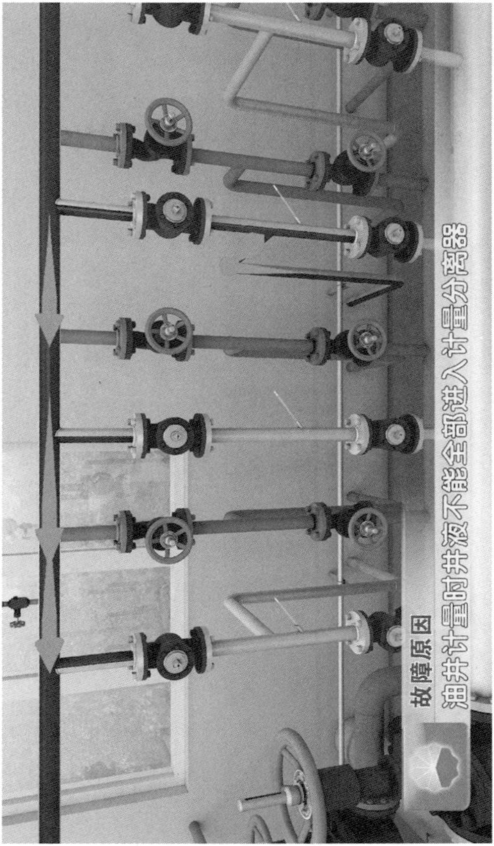
故障原因
油井计量时井液不能全部进入计量分离器

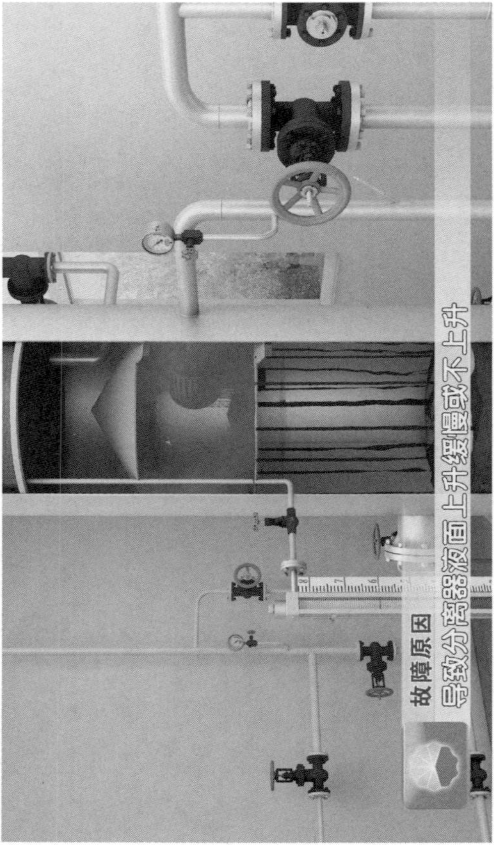
故障原因
导致分离器液面上升缓慢或不上升

（5）分离器出口阀门关不严。造成一部分井液从出口阀门流出，液面上升缓慢或不上升。

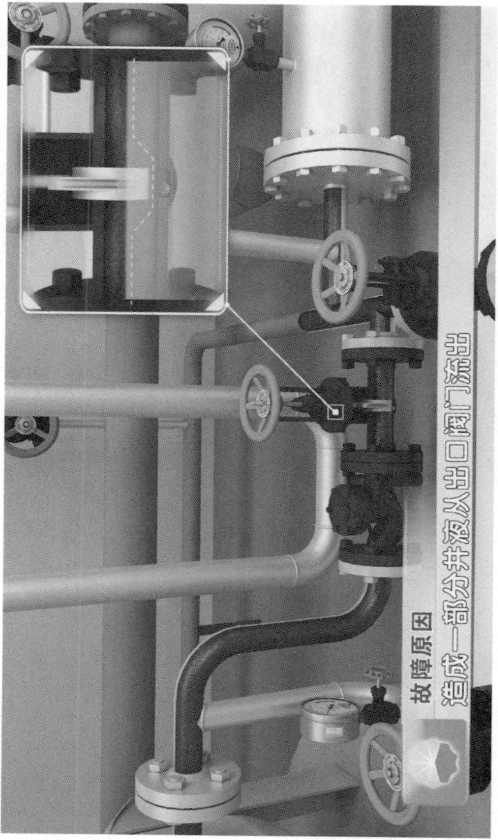
故障原因
造成一部分井液从出口阀门流出

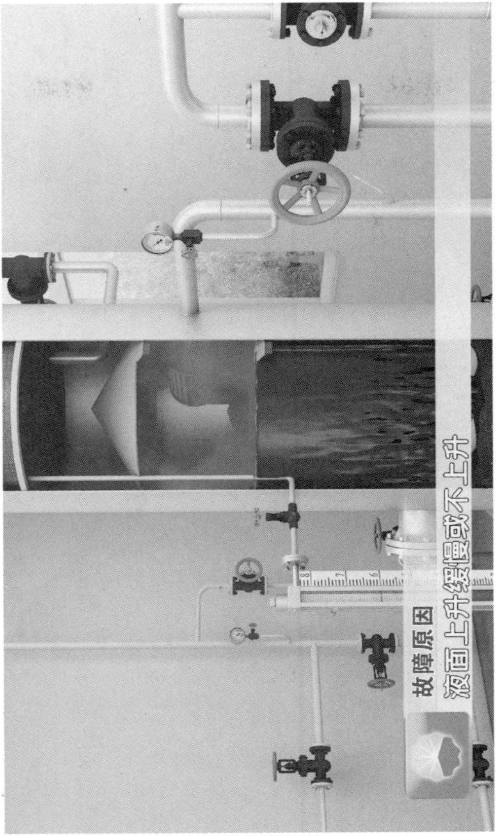
故障原因
液面上升缓慢或不上升

（6）量油时计量间单井掺水阀门未关严，使分离器内液面上升快。

掺水阀门
故障原因
（6）量油时计量间单井掺水阀门未关严

掺水阀门
故障原因
使分离器内液面上升快

（7）分离器液位计上部、下部控制阀门堵塞。液体无法进入液位计，虽然分离器内液面上升，但是液位计内液面不上升。

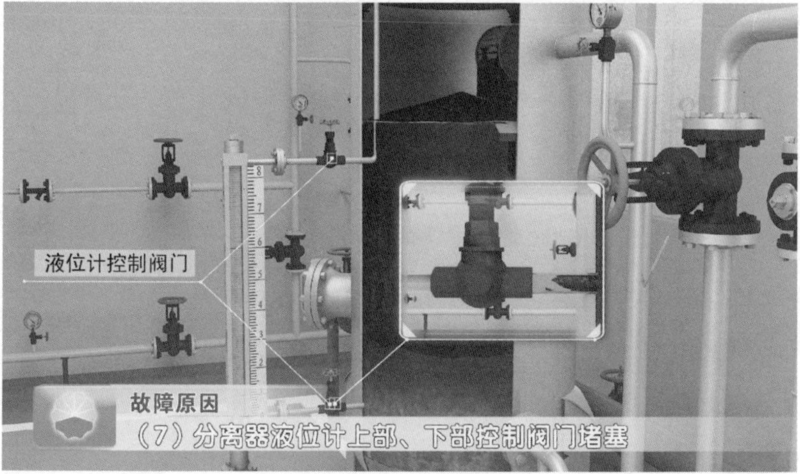
液位计控制阀门
故障原因
（7）分离器液位计上部、下部控制阀门堵塞

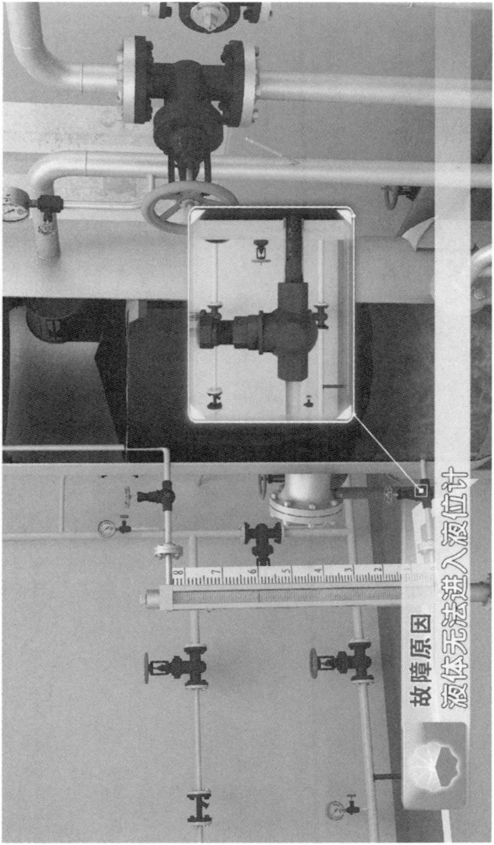
故障原因
液体无法进入液位计

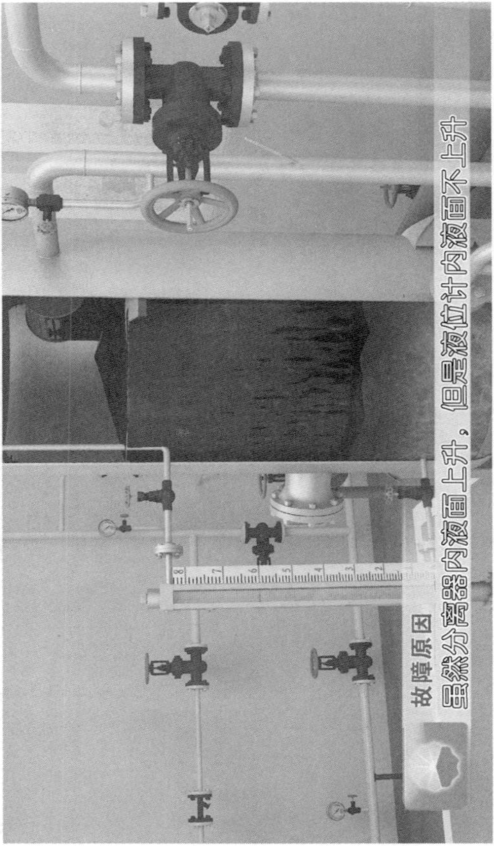
故障原因
虽然分离器内液面上升，但是液位计内液面不上升

（8）分离器严重缺底水。分离器液位计进口凝结油堵，使液位计内不上液面。

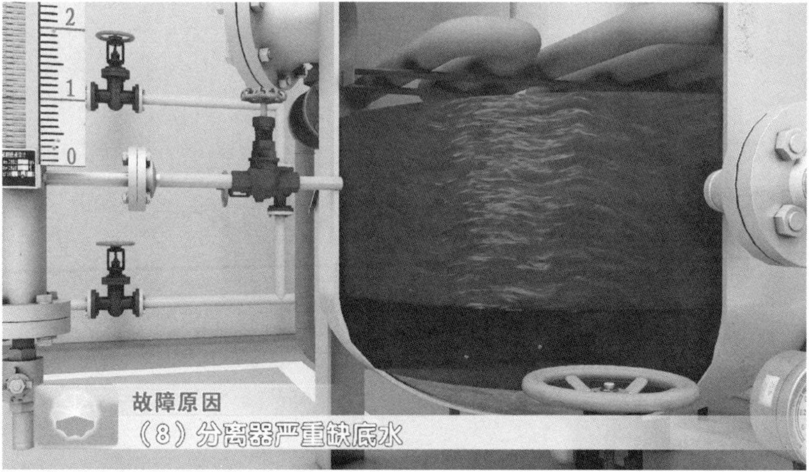

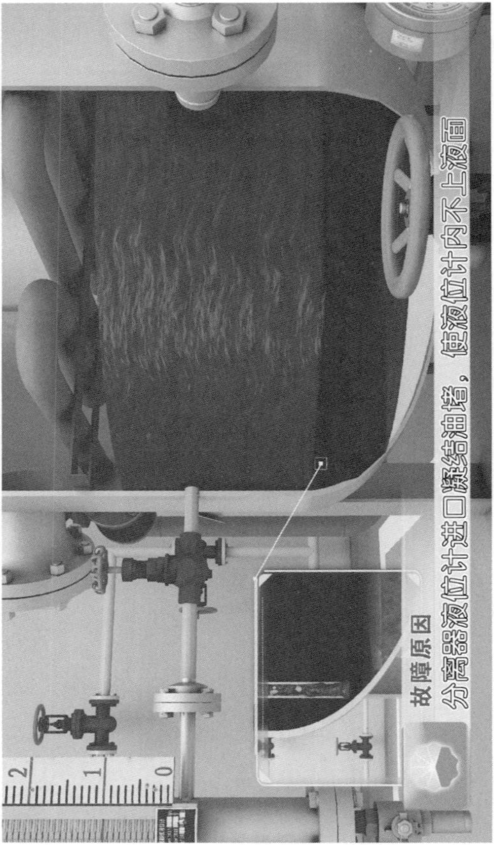
故障原因
分离器液位计进口凝结油堵，使液位计内不上液面
2
1
0

# 处理方法

## 安全提示

处理计量间内故障时，应首先打开门窗进行通风换气。如计量间内发生硫化氢等有毒有害气体泄漏时，应对其进行检测和安全风险评估，排除中毒、火灾、爆炸等安全隐患后方可进行操作。

（1）单井计量时应先检查流程，并倒通流程后再进行计量。

处理方法
井倒通流程后再进行计量

（2）因阀门故障导致量油时计量不准应及时维修或更换。

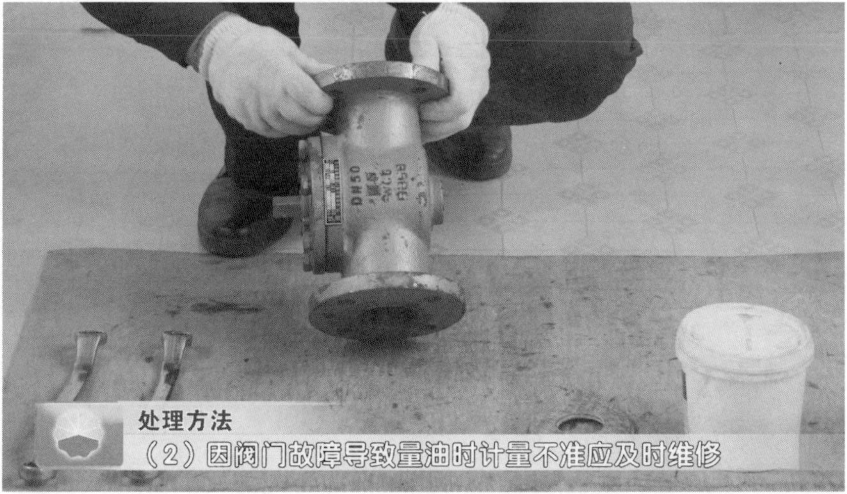
处理方法
（2）因阀门故障导致量油时计量不准应及时维修

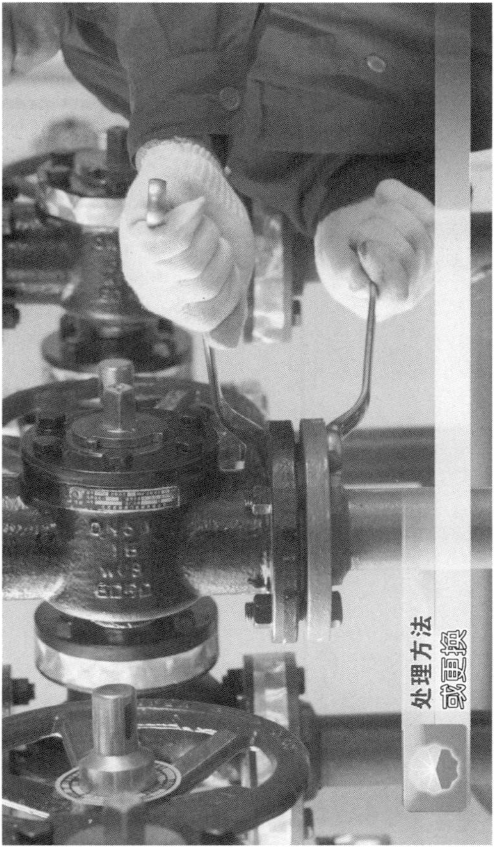
处理方法
或更换

（3）当集油管线发生泄漏、冻堵故障时，应通过补焊管线、解堵等措施进行处理。

处理方法
应通过补焊管线

处理方法
解堵等措施进行处理

（4）当液位计上部、下部控制阀门堵塞时，首先对堵塞阀门冲洗，冲洗不通应更换阀门。

处理方法
（4）当液位计上部、下部控制阀门堵塞时

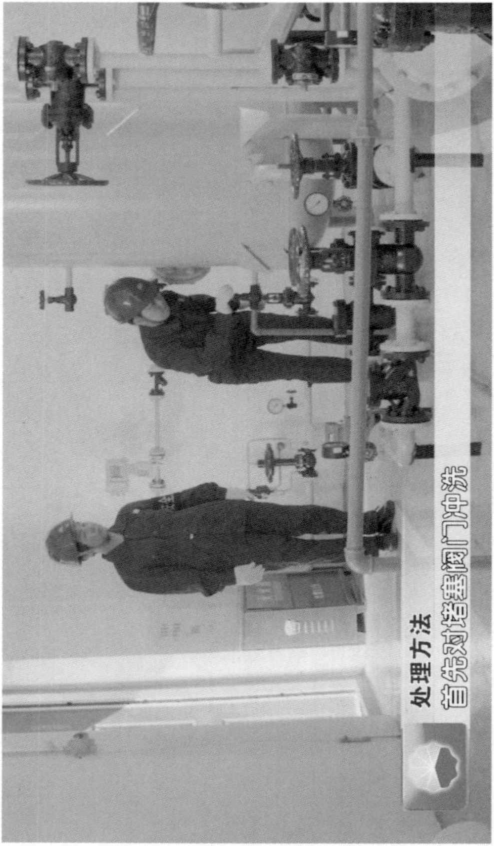
处理方法
首先对堵塞阀门冲洗

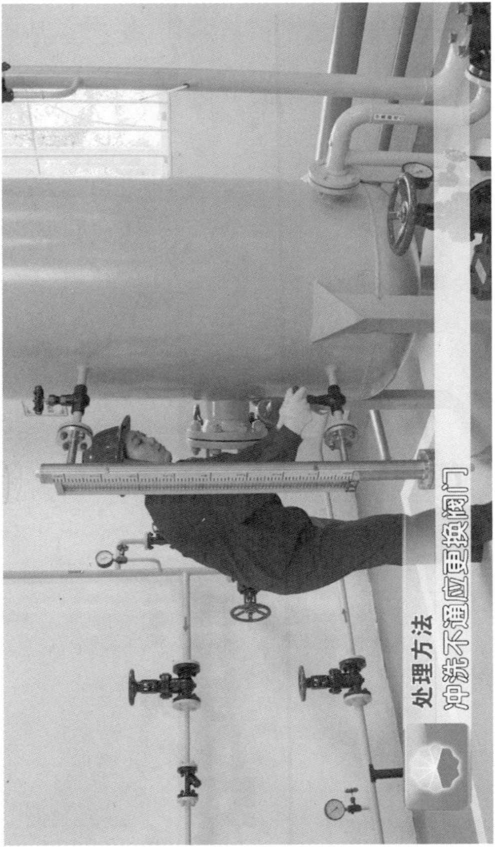
处理方法
冲洗不通应更换阀门

（5）分离器底水不够时造成液位计进口堵塞，倒热水进分离器，解堵。

处理方法
（5）当分离器底水不够时造成液位计进口堵塞

处理方法
倒热水进分离器，解堵

# 试　题

## 一、选择题（不限单选）

1. 计量间分离器主要是用来计量单井（　）、产气量，是反映油井生产动态的基础数据。

A. 产油量　　B. 产水量

C. 产液量　　D. 掺水量

2. 计量间量油的关键是倒对流程，分离器进口阀门、（　）应处于打开状态，分离器出口阀门、单井回油阀门应处于关闭状态。

A. 单井掺水阀门　　B. 单井计量阀门

C. 单井热洗阀门　　D. 单井直通阀门

3. 计量分离器技术规范参数主要有：设计压力、工作压力、最大流量、（　）适用量油高度、测气能力等。

A. 分离器高度　　B. 分离器直径

C. 分离器容量　　　D. 分离器体积

4. 分离器进口阀门未打开或阀门闸板脱落。油井计量时，使井液无法进入分离器，使分离器液面（　）。

A. 上升　　　　　　B. 下降

C. 不上升　　　　　D. 上升缓慢

5. 正常量油时，气平衡阀门没有打开，分离器内压力不断上升，这时分离器内液面（　）。

A. 迅速上升

B. 迅速下降

C. 下降缓慢或不下降

D. 上升缓慢或不上升

6. 计量间量油不准的正确原因是（　）。

A. 计量阀门关不严　B. 进口阀门关不严

C. 回油阀门关不严　D. 气平衡阀门关不严

## 二、判断题

1. 计量间量油倒流程时，一定要先关后开，分离器不能憋压。（ ）

2. 当分离器底水不够时造成液位计进口堵塞，应倒热水进分离器进行解堵。（ ）

3. 量油时计量间单井掺水阀门未关严，使分离器内液面上升慢，导致计量不准。（ ）

4. 计量间量油时，分离器液位计上部、下部控制阀门堵塞，液体无法进入液位计，虽然分离器内液面上升，但是液位计内液面不上升。（ ）

# 试题参考答案

## 一、选择题

| 题号 | 1 | 2 | 3 | 4 | 5 | 6 |
| --- | --- | --- | --- | --- | --- | --- |
| 答案 | C | B | B | C | D | C |

## 二、判断题

| 题号 | 1 | 2 | 3 | 4 |
| --- | --- | --- | --- | --- |
| 答案 | × | √ | × | √ |

# 《计量间生产故障分析与处理》

| 分册序号 | 分册书名 |
| --- | --- |
| 1 | 计量间量油时玻璃管内无液面故障及处理 |
| 2 | 计量间量油不准故障及处理 |
| 3 | 计量间分离器冒罐故障及处理 |
| 4 | 计量间分离器量油系统管线冻堵故障及处理 |
| 5 | 计量间法兰垫片或压力表刺漏故障及处理 |
| 6 | 计量间掺水或回油管线穿孔故障及处理 |

采油工安全生产标准化操作丛书

中国石油人事部
中国石油勘探与生产分公司 编

计量间生产故障分析与处理 3

# 计量间分离器冒罐故障及处理

石油工业出版社

**图书在版编目（CIP）数据**

计量间生产故障分析与处理 / 中国石油人事部，中国石油勘探与生产分公司编 .—北京：石油工业出版社，2019.5
（采油工安全生产标准化操作丛书）
ISBN 978-7-5183-3272-4

Ⅰ. ①计… Ⅱ. ①中… ②中… Ⅲ. ①石油开采 – 生产设备 – 故障诊断 ②石油开采 – 生产设备 – 故障修复 Ⅳ. ① TE93

中国版本图书馆 CIP 数据核字（2019）第 056097 号

---

出版发行：石油工业出版社
（北京安定门外安华里 2 区 1 号楼 100011）
网　址：www.petropub.com
编辑部：（010）64210387
图书营销中心：（010）64523633
经　　销：全国新华书店
印　　刷：北京中石油彩色印刷有限责任公司

---

2019 年 5 月第 1 版　2019 年 5 月第 1 次印刷
880 × 1230 毫米　开本：1/64　印张：5.0625
字数：80 千字

---

定价：90.00 元（全 6 册）
（如出现印装质量问题，我社图书营销中心负责调换）

# 《采油工安全生产标准化操作丛书》
# 编 委 会

# 《计量间生产故障分析与处理 3 计量间分离器冒罐故障及处理》

## 编 委 会

# 开发单位

中国石油天然气股份有限公司勘探与生产分公司

大庆油田有限责任公司人事部（党委组织部）

大庆油田有限责任公司开发部

大庆油田有限责任公司质量安全环保部

大庆油田有限责任公司第二采油厂

大庆油田有限责任公司第四采油厂

大庆油田有限责任公司第六采油厂

大庆油田有限责任公司文化集团

大庆油田有限责任公司人才开发院

大庆油田有限责任公司大庆医学高等专科学校

# 合作单位

长庆油田分公司

辽河油田分公司

新疆油田分公司

大港油田分公司

华北油田分公司

石油工业出版社

# FOREWORD 序

“求木之长者，必固其根本；欲流之远者，必浚其泉源。”2017 年，党中央、国务院印发了《新时期产业工人队伍建设改革方案》，明确指出，产业工人是工人阶级中发挥支撑作用的主体力量，是创造社会财富的中坚力量，是创新驱动发展的骨干力量，是实施制造强国战略的有生力量。同时提出，要造就一支有理想守信念、懂技术会创新、敢担当讲奉献的宏大的产业工人队伍。这充分体现了党和国家对产业工人队伍建设的关心支持。

中国石油牢固树立以人为本、质量至上、安全第一、环保优先的理念，坚持施行标准化操作作为保证安全生产、深化精细管理、实现

企业内涵发展的重要支撑。中国石油将提升员工技能水平作为抓好产业工人队伍建设的主攻方向，把标准化操作固化成基层单位和干部职工尤其是新员工的行为准则和工作标准，牢固树立“上标准岗、干标准活”的工作意识和理念，形成人人讲安全、人人会安全、人人都安全的良好局面。

守正笃实，久久为功。提升员工技能操作水平是一项长期而艰巨的任务，完善标准是基础，加强领导是保障，优化执行是根本。这需要大家积极推广标准化操作工作，不断加强和改进操作流程与标准，不断规范与完善标准化操作，引导广大员工全面提升对标准化操作的认知度，全面提升标准化操作执行力，规范本质化安全行为，推进各项工作上水平。

中国石油人事部和中国石油勘探与生产分公司共同组织编写的《采油工安全生产标准化

操作丛书》及配套的视频课件，包含中国石油各油气田单位通用性的140个基本操作，具有开发标准高、内容全面、注重安全风险、应用范围广、培训效果突出等方面优点。相对应的视频课件利用三维动画技术，通过分解、剖切等方式展示常规不可见的设备内部结构，让员工学习起来更加直观，是一套“看得懂、学得会、易掌握”的实用教材，真正做到了将“技术有形化”，填补了中国石油安全生产操作培训课件方面的空白，为进一步提升操作员工整体素质提供有力支撑。

目前，跨国公司员工培训已经进入了“互联网+培训”的员工混合式培训阶段，以多终端应用设备为载体，展现多种资源，结合线下培训和社区化学习模式，以网络化应用进行培训评估，实现可规划路径的人才发展优化培训。这套丛书从生产实际出发，以满足需求为导向，

以促进员工养成标准化操作习惯为目标，实践性和针对性都很强。同时，大批专家的参与写作使教材的权威性有了保证。丛书配套的视频课件可以满足石油员工远程移动学习，也可以满足员工单机高清自学和集中学习。这样就形成了三位一体的员工培训模式，逐步迈入员工混合式培训阶段。希望这套丛书的出版发行，能为促进中国石油员工培训工作的深入开展，为促进员工操作技能水平的不断提升，为推动油气主业高质量发展，为实现中国石油建成世界一流综合性国际能源公司作出积极贡献。

中国石油天然气集团有限公司
总经理助理、人事部总经理
刘志华

# PREFACE 前言

采油工是油田企业主体关键工种之一，在中国石油操作类员工中占比较大，采油工技能水平的高低，对油田的安全平稳生产起到至关重要的作用。为进一步提高采油工的基本素质和业务技能水平，中国石油人事部和中国石油勘探与生产分公司于2016年联合启动了采油工安全生产标准化操作视频培训课件开发项目，成立了课件编委会，委托大庆油田公司负责课件具体编制工作，并确定长庆、辽河、新疆、大港、华北5家油田公司和石油工业出版社，共同配合大庆油田做好视频培训课件编制工作。

课件开发过程中，大庆油田高度重视，按照“实际、实用、实效”的原则，专门成立了

课件开发工作领导组，组织公司人事部、开发部、安全环保部、第二采油厂、第四采油厂等9个部门和二级单位共同参与，共计抽调了100余名专家参与项目的研发设计。勘探与生产分公司加强过程监督和质量把控，针对开发方案、课件脚本、制作标准、课件样片等内容，按照不同工作节点先后组织三次大的集中审核会议，邀请中国石油各油田行业专家建言献策，为提高课件的通用性和实用性奠定坚实基础。大庆油田按照总体工作要求，历时两年，完成了视频培训课件的编制任务，并同步完成《采油工安全生产标准化操作丛书》的编写工作。本套丛书紧贴油田生产实际，以采油工岗位职责为依据，包含《安全防护用具使用》《工具、用具、量具使用》《采油工艺简介》《抽油机井标准化操作》《电动潜油泵井标准化操作》《电动螺杆泵井标准化操作》《注水井标准化操作》

《计量间标准化操作》《抽油机井生产故障分析与处理》《电动潜油泵井生产故障分析与处理》《电动螺杆泵井生产故障分析与处理》《注水井生产故障分析与处理》《计量间生产故障分析与处理》《现场应急救护》，共 14 种 140 个分册。本套丛书具有突出的实用性和规范性特点，可广泛用于新员工岗前培训、日常岗位练兵、鉴定考前培训、师徒帮带、技能竞赛等学习培训活动。

希望本套丛书能够为各石油企业提供借鉴，为今后采油工岗位培训的扎实有效开展提供有力保障。由于各油田在采油工艺、设备等方面存在差异性，书中难免有不足之处，敬请读者批评指正。

编者

2018 年 8 月

# CONTENTS 目录

# 故障现象

正常生产时，单井混合液通过回油管线进入计量间集油汇管，经集油汇管进入转油站。

故障现象
单井混合液通过回油管线进入计量间集油汇管

故障现象
经集油汇管进入转油站

由于计量间内设备故障或量油操作不当，超出分离器处理量，分离器内液位上升到一定高度，压力超过分离器安全阀启动压力，致使安全阀开启，使混合液从安全阀溢出，造成分离器冒罐事故。

故障现象
由于计量间内设备故障或量油操作不当

故障现象
超出分离器处理量

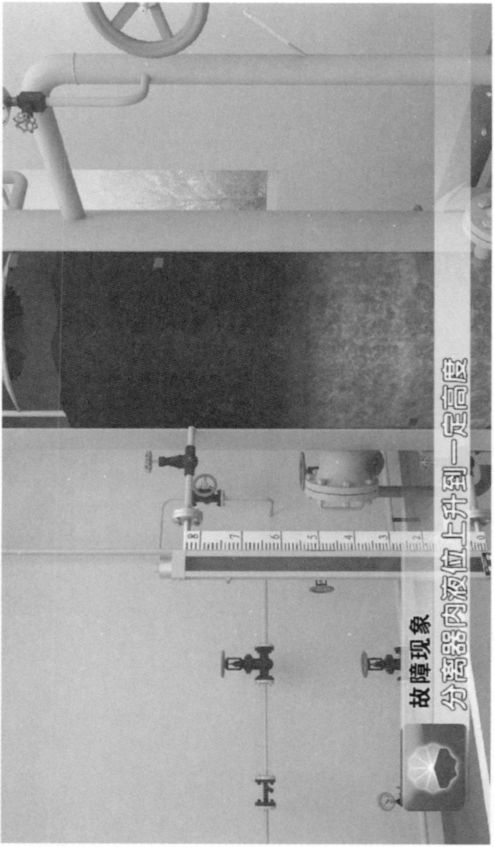
故障现象
分离器内液位上升到一定高度

分离器压力表
故障现象
压力超过分离器安全阀启动压力

安全阀
故障现象
致使安全阀开启

安全阀
故障现象
使混合液从安全阀溢出

故障现象
造成分离器冒罐事故

## 故障原因

（1）分离器在未量油状态时，进口阀门、出口阀门、气平衡阀门均处于关闭状态。

分离器进口阀门
故障原因
进口阀门

分离器出口阀门
故障原因
出口阀门

分离器气平衡阀门
故障原因
气平衡阀门均处于关闭状态

分离器内部伴热管线穿孔，分离器内液位、压力逐渐上升，导致安全阀开启，发生冒罐事故。

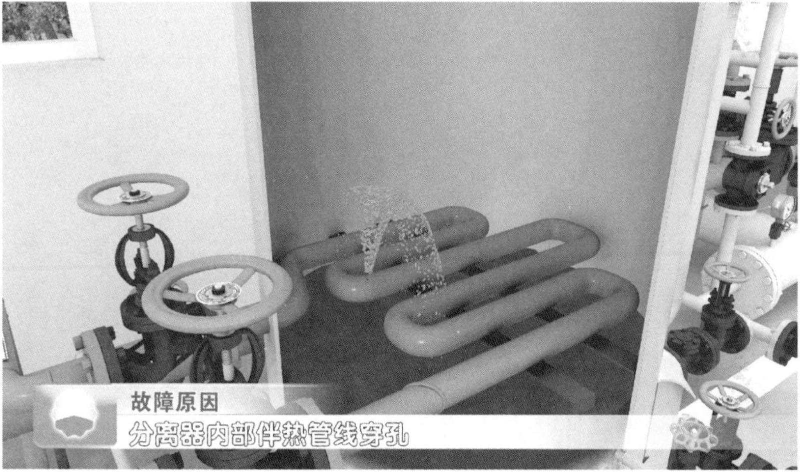

故障原因
分离器内液位

分离器压力表
故障原因
压力逐渐上升

安全阀
故障原因
导致安全阀开启

故障原因
发生冒罐事故

（2）量油操作时，由于油井产液量过高，分离器内液面上升过快，超过一定高度后，未及时将分离器出口阀门打开，造成分离器憋压，使分离器发生冒罐事故。

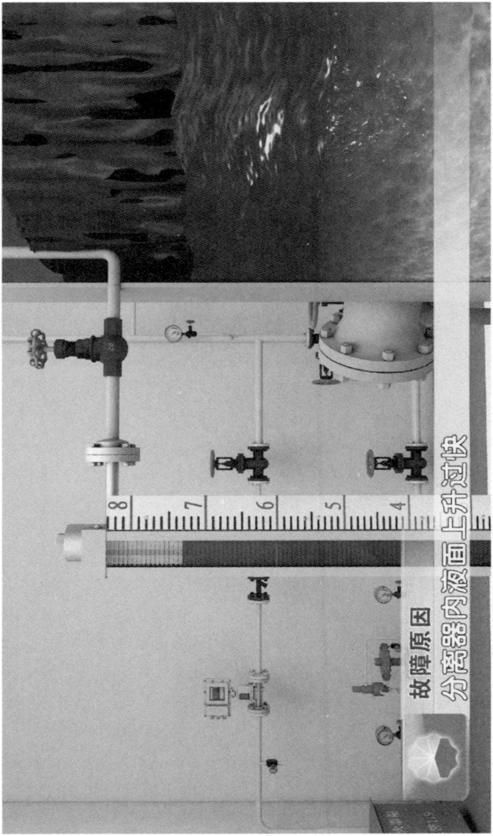
故障原因
分离器内液面上升过快

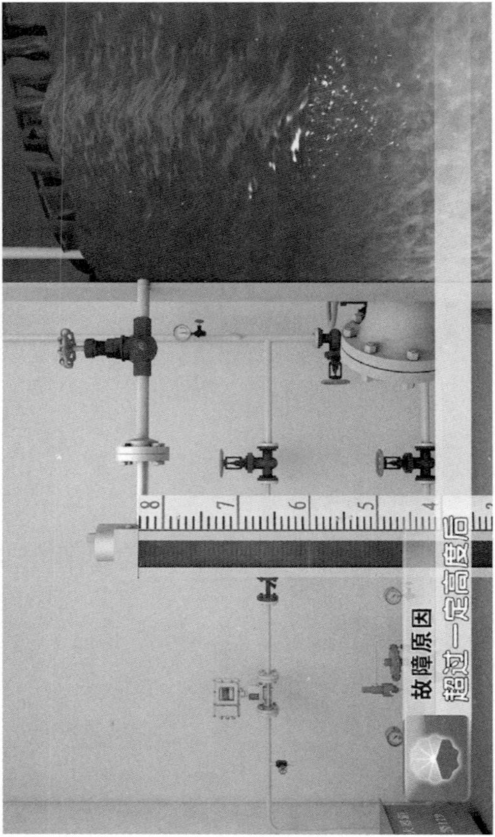
故障原因
超过一定高度后

分离器出口阀门
故障原因
未及时将分离器出口阀门打开

故障原因
造成分离器憋压

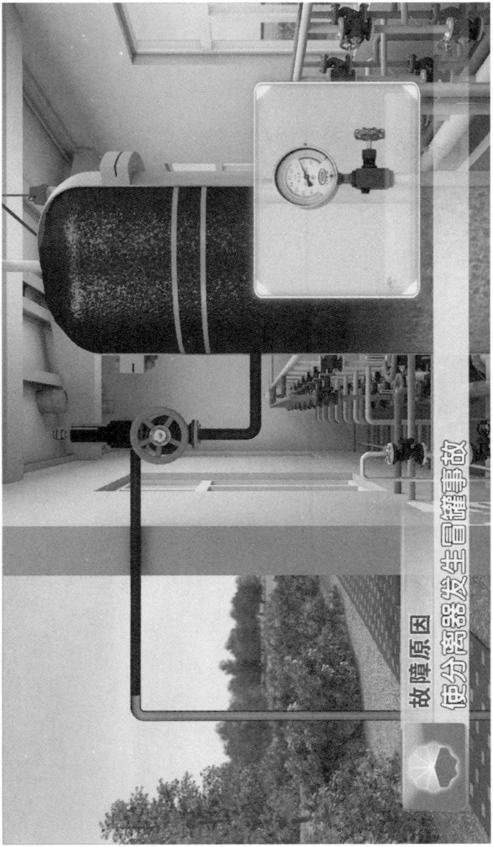
故障原因
使分离器发生冒罐事故

（3）量油结束排液时，分离器出口阀门闸板脱落，造成出口阀门不通，使分离器内液体不能及时排出，导致分离器液位过高，压力超过安全阀启动压力，使分离器发生冒罐事故。

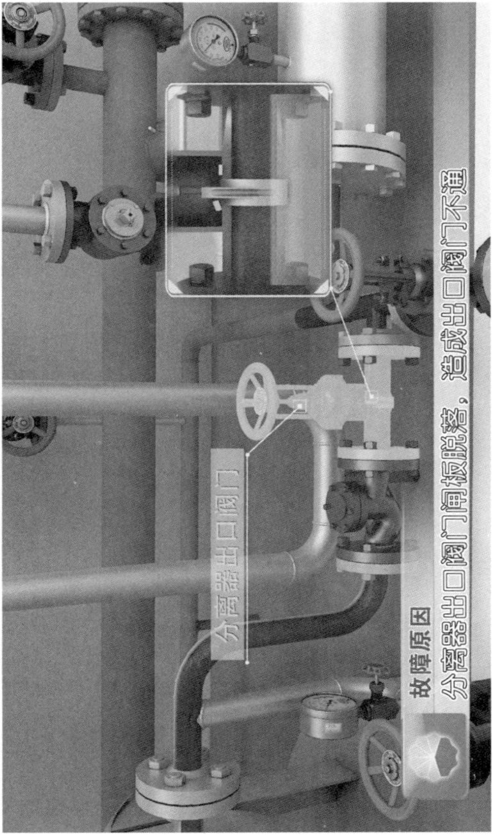
故障原因
分离器出口阀门闸板脱落，造成出口阀门不通
分离器出口阀门

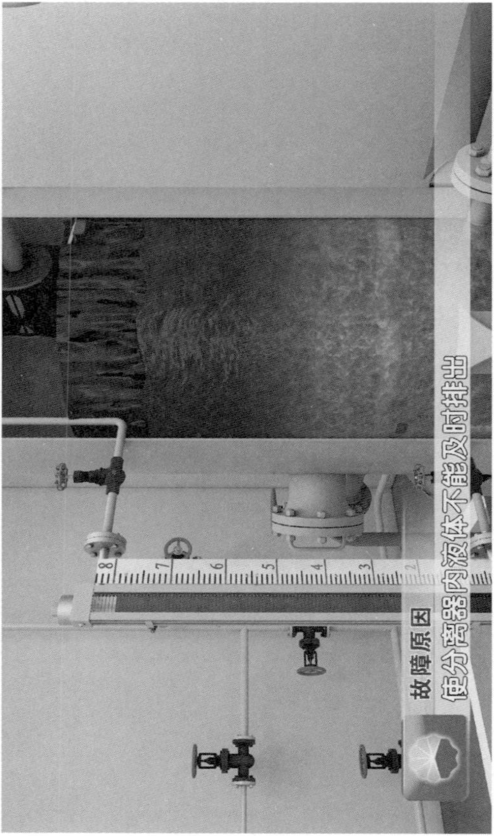
故障原因
使分离器内液体不能及时排出

故障原因
导致分离器液位过高

分离器压力表
故障原因
压力超过安全阀启动压力

故障原因
使分离器发生冒罐事故

（4）量油操作时，液位计进口堵塞或浮子卡，造成液位计指示液位与分离器内液位不一致，使分离器内液位过高，造成气管线进液，发生冒罐事故。

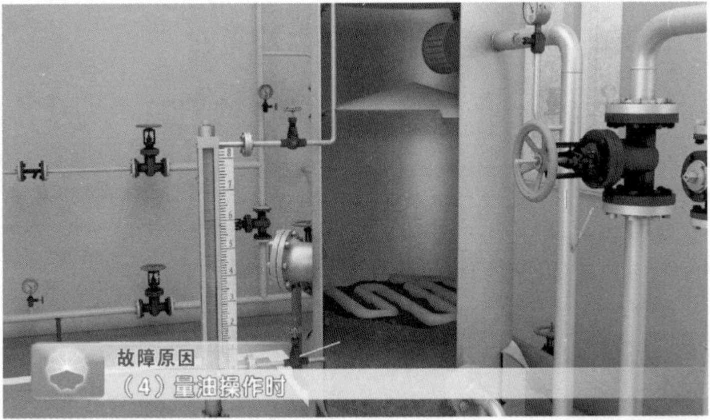

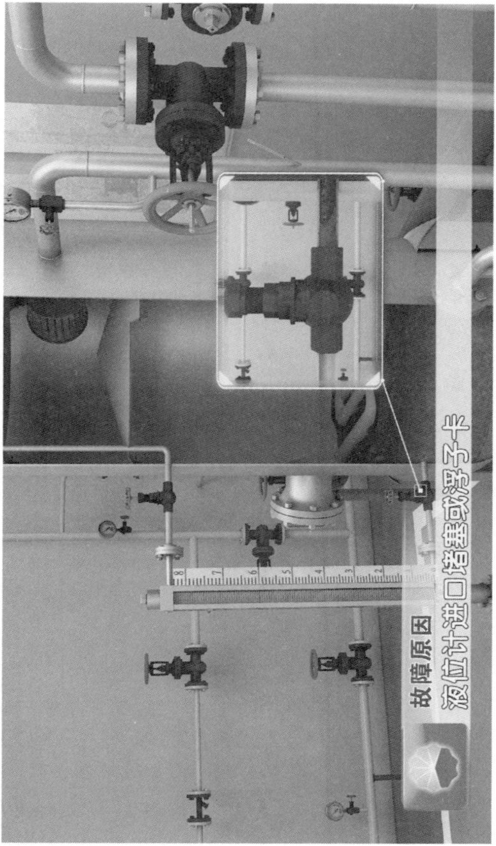
故障原因
液位计进口堵塞或浮子卡

故障原因
造成液位计指示液位与分离器内液位不一致

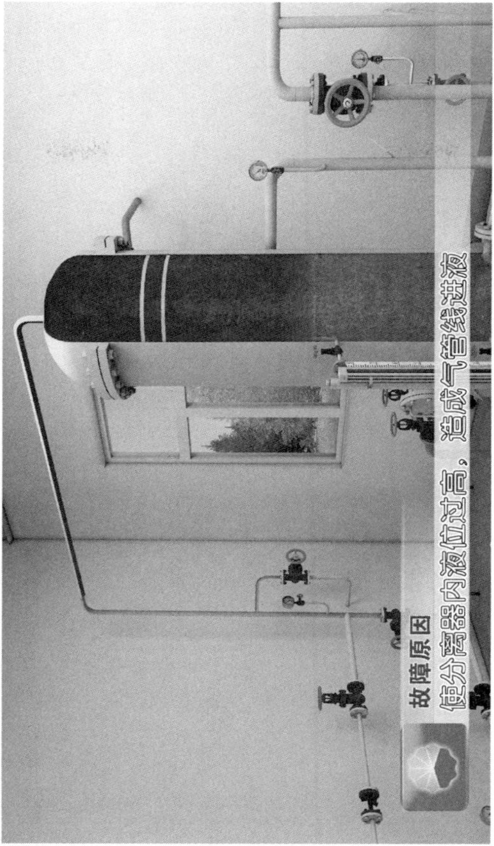
故障原因
使分离器内液位过高，造成气管线进液

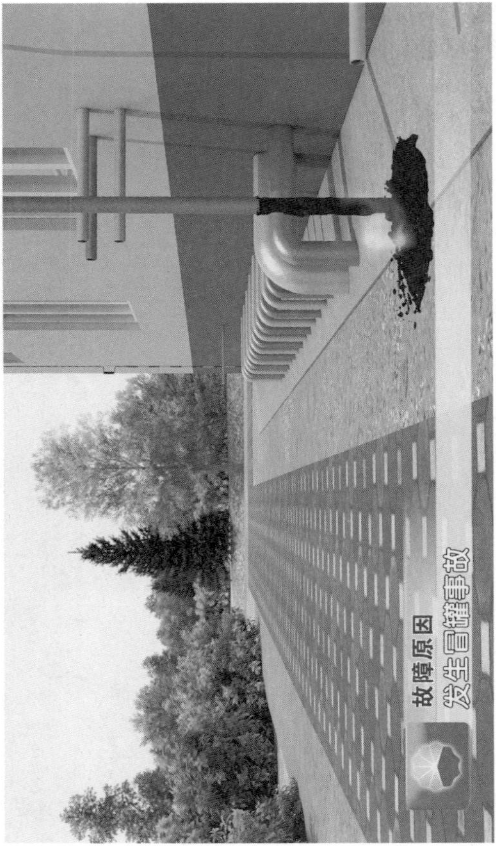
故障原因
发生冒罐事故

## 处理方法

（1）当分离器伴热管线穿孔时，关闭伴热管线进出口阀门。

处理方法
关闭伴热管线进出口阀门

（2）当液面过高时，及时将分离器出口阀门打开，使分离器内液量向回油干线排出、泄压。

处理方法
（2）当液面过高时，及时将分离器出口阀门打开

处理方法
使分离器内液量向回油干线排出、泄压

（3）发现分离器出口阀门闸板脱落现象后，立即打开单井回油阀门，关闭单井计量阀门，使井液进入回油汇管。分离器泄压后，更换分离器出口阀门。

处理方法
（3）发现分离器出口阀门闸板脱落现象后

处理方法
立即打开单井回油阀门，关闭单井计量阀门

处理方法
使井液进入回油汇管

处理方法
分离器泄压后，更换分离器出口阀门

（4）液位计进口堵塞或浮子卡，冲洗或检修液位计，保证其准确显示。

处理方法
（4）液位计进口堵塞或浮子卡，冲洗或检修液位计

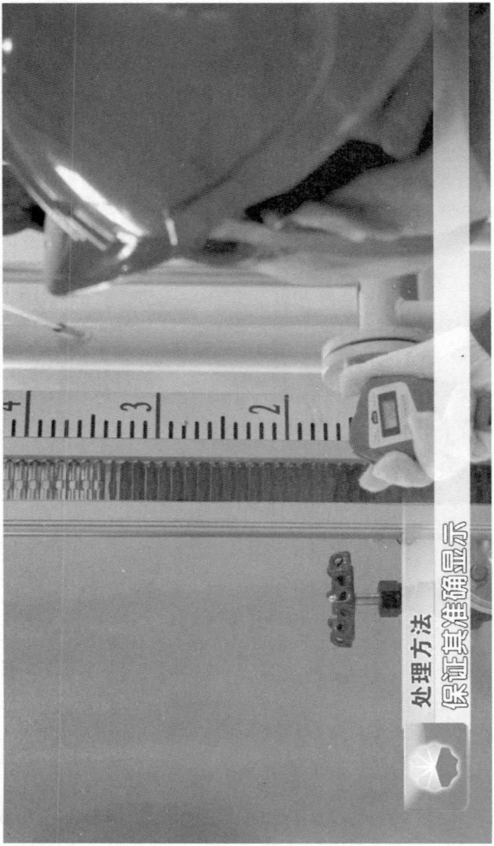
处理方法
保证其准确显示

# 试　题

## 一、选择题（不限单选）

1. 计量分离器是计量间最主要的油气计量设备，是一种（　）容器设备。

A. 高压　　　　B. 低压

C. 中压　　　　D. 真空

2. 安全阀是当设备或管道内的介质压力升高超过规定值时，自动开启泄压，保护设备的安全，应（　）安装。

A. 水平　　　　B. 垂直

C. 倾斜　　　　D. 平行

3. 正常生产时，单井混合液通过回油管线进入计量间（　），再进入转油站。

A. 集油汇管　　　　B. 掺水汇管

C. 热洗汇管　　　　D. 计量汇管

4. 分离器在未量油状态时，分离器内部伴热管线穿孔，分离器内液位、压力（　），导致安全阀开启，发生冒罐事故。

A. 逐渐下降　　B. 迅速下降

C. 逐渐上升　　D. 稳定

5. 量油操作时，由于油井产液量过高，分离器内液面上升过快，超过一定高度后，未及时将（　）打开，造成分离器憋压，使分离器发生冒罐事故。

A. 分离器进口阀门　B. 单井计量阀门

C. 气平衡阀门　　D. 分离器出口阀门

6. 当发现分离器伴热管线穿孔时，应立即（　）。

A. 关闭分离器进出口阀门

B. 关闭单井回油阀门

C. 关闭伴热管线进出口阀门

D. 关闭单井计量阀门

7. 量油结束排液时，分离器（  ）闸板脱落时，使分离器内液体不能及时排出，使分离器发生冒罐事故。

A. 进口阀门　　B. 计量阀门

C. 气平衡阀门　　D. 出口阀门

## 二、判断题

1. 量油操作时，液位计进口堵塞或浮子卡，造成液位计指示液位与分离器内液位不一致，使分离器内液位过高，造成气管线进液，发生冒罐事故。（  ）

2. 量油操作时，产液量过高超出分离器处理量时，容易引起计量间分离器冒罐。（  ）

3. 更换分离器进、出口阀门时，应倒流程泄压后，方可以更换相同型号的阀门。（  ）

4. 安全阀设定压力过高，量油时安全阀动作易发生冒罐事故。（  ）

# 试题参考答案

## 一、选择题

| 题号 | 1 | 2 | 3 | 4 | 5 | 6 | 7 |
|---|---|---|---|---|---|---|---|
| 答案 | B | B | A | C | D | C | D |

## 二、判断题

| 题号 | 1 | 2 | 3 | 4 |
|---|---|---|---|---|
| 答案 | √ | √ | √ | × |

# 《计量间生产故障分析与处理》

| 分册序号 | 分册书名 |
| --- | --- |
| 1 | 计量间量油时玻璃管内无液面故障及处理 |
| 2 | 计量间量油不准故障及处理 |
| 3 | 计量间分离器冒罐故障及处理 |
| 4 | 计量间分离器量油系统管线冻堵故障及处理 |
| 5 | 计量间法兰垫片或压力表刺漏故障及处理 |
| 6 | 计量间掺水或回油管线穿孔故障及处理 |

采油工安全生产标准化操作丛书

中国石油人事部
中国石油勘探与生产分公司 编

## 计量间生产故障分析与处理 4

# 计量间分离器量油系统管线冻堵故障及处理

石油工业出版社

**图书在版编目（CIP）数据**

计量间生产故障分析与处理 / 中国石油人事部，中国石油勘探与生产分公司编 .—北京：石油工业出版社，2019.5
（采油工安全生产标准化操作丛书）
ISBN 978-7-5183-3272-4

Ⅰ. ①计…　Ⅱ. ①中…　②中…　Ⅲ. ①石油开采 – 生产设备 – 故障诊断　②石油开采 – 生产设备 – 故障修复
Ⅳ. ① TE93

中国版本图书馆 CIP 数据核字（2019）第 056097 号

---

出版发行：石油工业出版社
（北京安定门外安华里 2 区 1 号楼 100011）
网　址：www.petropub.com
编辑部：（010）64210387
图书营销中心：（010）64523633
经　　销：全国新华书店
印　　刷：北京中石油彩色印刷有限责任公司

---

2019 年 5 月第 1 版　2019 年 5 月第 1 次印刷
880 × 1230 毫米　开本：1/64　印张：5.0625
字数：80 千字

---

定价：90.00 元（全 6 册）
（如出现印装质量问题，我社图书营销中心负责调换）

# 《采油工安全生产标准化操作丛书》
## 编 委 会

# 《计量间生产故障分析与处理 4 计量间分离器量油系统管线冻堵故障及处理》

## 编　委　会

主　编：吴　奇

副主编：岳东卫　王冬艳　郑　瑜

委　员：吴文君　董敬宁　白丽君

张春超　张　宇　生凤英

李　贺　邹宏刚　吕庆东

韩旭龙　张云辉　胡胜杰

王慧玲　周晓玲　谭洪彬

# 开发单位

中国石油天然气股份有限公司勘探与生产分公司

大庆油田有限责任公司人事部（党委组织部）

大庆油田有限责任公司开发部

大庆油田有限责任公司质量安全环保部

大庆油田有限责任公司第二采油厂

大庆油田有限责任公司第四采油厂

大庆油田有限责任公司第六采油厂

大庆油田有限责任公司文化集团

大庆油田有限责任公司人才开发院

大庆油田有限责任公司大庆医学高等专科学校

# 合作单位

长庆油田分公司

辽河油田分公司

新疆油田分公司

大港油田分公司

华北油田分公司

石油工业出版社

# FOREWORD 序

"求木之长者，必固其根本；欲流之远者，必浚其泉源。"2017 年，党中央、国务院印发了《新时期产业工人队伍建设改革方案》，明确指出，产业工人是工人阶级中发挥支撑作用的主体力量，是创造社会财富的中坚力量，是创新驱动发展的骨干力量，是实施制造强国战略的有生力量。同时提出，要造就一支有理想守信念、懂技术会创新、敢担当讲奉献的宏大的产业工人队伍。这充分体现了党和国家对产业工人队伍建设的关心支持。

中国石油牢固树立以人为本、质量至上、安全第一、环保优先的理念，坚持施行标准化操作作为保证安全生产、深化精细管理、实现

企业内涵发展的重要支撑。中国石油将提升员工技能水平作为抓好产业工人队伍建设的主攻方向，把标准化操作固化成基层单位和干部职工尤其是新员工的行为准则和工作标准，牢固树立“上标准岗、干标准活”的工作意识和理念，形成人人讲安全、人人会安全、人人都安全的良好局面。

守正笃实，久久为功。提升员工技能操作水平是一项长期而艰巨的任务，完善标准是基础，加强领导是保障，优化执行是根本。这需要大家积极推广标准化操作工作，不断加强和改进操作流程与标准，不断规范与完善标准化操作，引导广大员工全面提升对标准化操作的认知度，全面提升标准化操作执行力，规范本质化安全行为，推进各项工作上水平。

中国石油人事部和中国石油勘探与生产分公司共同组织编写的《采油工安全生产标准化

操作丛书》及配套的视频课件，包含中国石油各油气田单位通用性的 140 个基本操作，具有开发标准高、内容全面、注重安全风险、应用范围广、培训效果突出等方面优点。相对应的视频课件利用三维动画技术，通过分解、剖切等方式展示常规不可见的设备内部结构，让员工学习起来更加直观，是一套“看得懂、学得会、易掌握”的实用教材，真正做到了将“技术有形化”，填补了中国石油安全生产操作培训课件方面的空白，为进一步提升操作员工整体素质提供有力支撑。

目前，跨国公司员工培训已经进入了“互联网 + 培训”的员工混合式培训阶段，以多终端应用设备为载体，展现多种资源，结合线下培训和社区化学习模式，以网络化应用进行培训评估，实现可规划路径的人才发展优化培训。这套丛书从生产实际出发，以满足需求为导向，以促进员工养成标准化操作习惯为目标，实践性和针对性都很强。同时，大批专家的参与写作使教材的权威性有了保证。丛书配套的视频课件可以满足石油员工远程移动学习，也可以满足员工单机高清自学和集中学习。这样就形成了三位一体的员工培训模式，逐步迈入员工混合式培训阶段。希望这套丛书的出版发行，能为促进中国石油员工培训工作的深入开展，为促进员工操作技能水平的不断提升，为推动油气主业高质量发展，为实现中国石油建成世界一流综合性国际能源公司作出积极贡献。

中国石油天然气集团有限公司
总经理助理、人事部总经理 刘志华

# PREFACE 前言

采油工是油田企业主体关键工种之一，在中国石油操作类员工中占比较大，采油工技能水平的高低，对油田的安全平稳生产起到至关重要的作用。为进一步提高采油工的基本素质和业务技能水平，中国石油人事部和中国石油勘探与生产分公司于2016年联合启动了采油工安全生产标准化操作视频培训课件开发项目，成立了课件编委会，委托大庆油田公司负责课件具体编制工作，并确定长庆、辽河、新疆、大港、华北5家油田公司和石油工业出版社，共同配合大庆油田做好视频培训课件编制工作。

课件开发过程中，大庆油田高度重视，按照“实际、实用、实效”的原则，专门成立了

课件开发工作领导组，组织公司人事部、开发部、安全环保部、第二采油厂、第四采油厂等9个部门和二级单位共同参与，共计抽调了100余名专家参与项目的研发设计。勘探与生产分公司加强过程监督和质量把控,针对开发方案、课件脚本、制作标准、课件样片等内容，按照不同工作节点先后组织三次大的集中审核会议，邀请中国石油各油田行业专家建言献策，为提高课件的通用性和实用性奠定坚实基础。大庆油田按照总体工作要求，历时两年，完成了视频培训课件的编制任务，并同步完成《采油工安全生产标准化操作丛书》的编写工作。本套丛书紧贴油田生产实际，以采油工岗位职责为依据，包含《安全防护用具使用》《工具、用具、量具使用》《采油工艺简介》《抽油机井标准化操作》《电动潜油泵井标准化操作》《电动螺杆泵井标准化操作》《注水井标准化操作》

《计量间标准化操作》《抽油机井生产故障分析与处理》《电动潜油泵井生产故障分析与处理》《电动螺杆泵井生产故障分析与处理》《注水井生产故障分析与处理》《计量间生产故障分析与处理》《现场应急救护》，共 14 种 140 个分册。本套丛书具有突出的实用性和规范性特点,可广泛用于新员工岗前培训、日常岗位练兵、鉴定考前培训、师徒帮带、技能竞赛等学习培训活动。

希望本套丛书能够为各石油企业提供借鉴，为今后采油工岗位培训的扎实有效开展提供有力保障。由于各油田在采油工艺、设备等方面存在差异性，书中难免有不足之处，敬请读者批评指正。

编者

2018 年 8 月

# CONTENTS 目录

# 故障现象

计量间分离器量油系统管线应保持畅通。

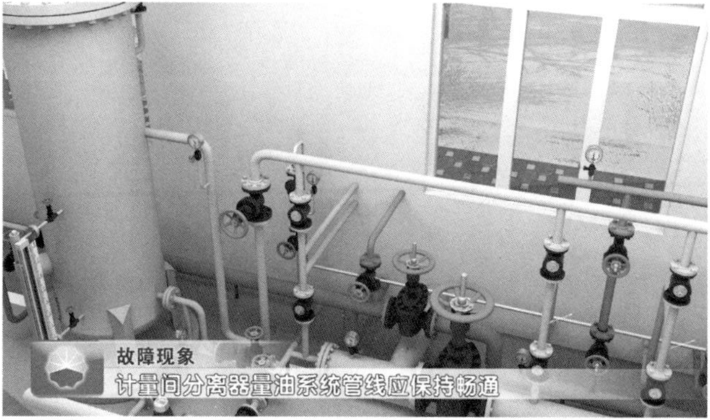
故障现象
计量间分离器量油系统管线应保持畅通

生产中量油系统管线出现冻、堵后，会导致量油不正常或不能量油。

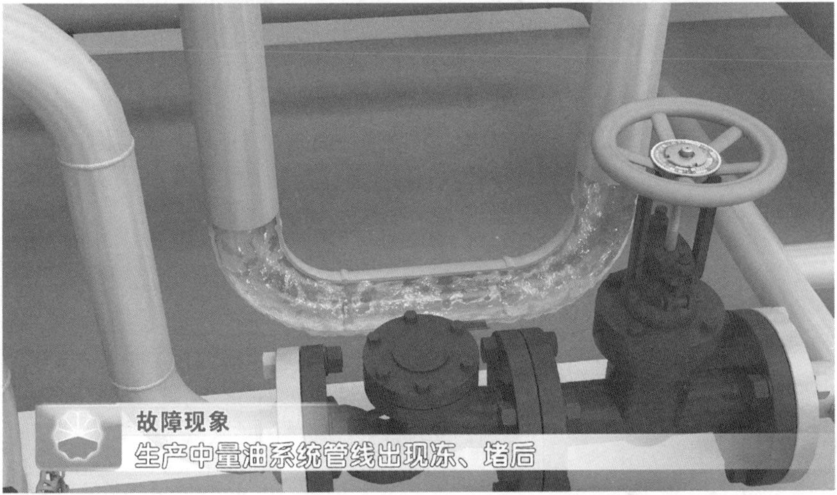

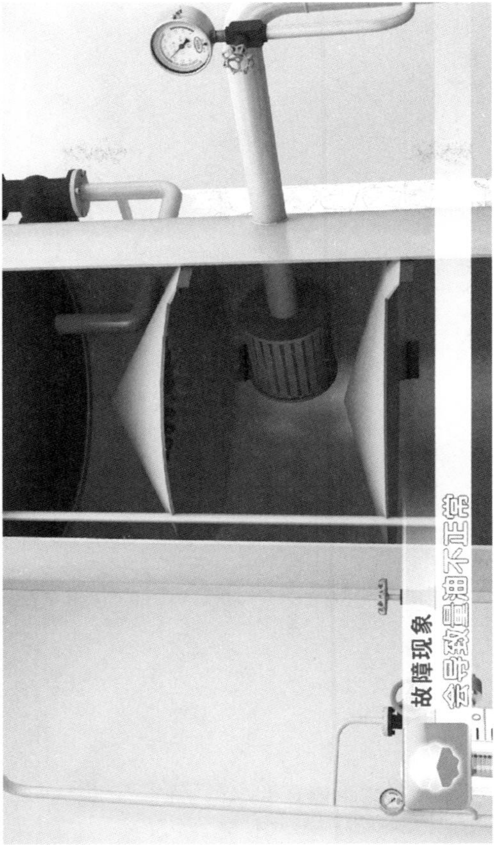
故障现象
会导致量油不正常

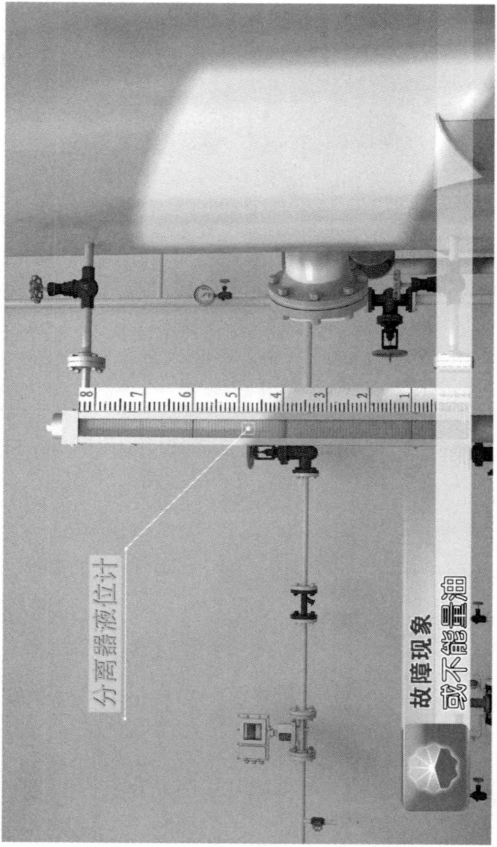
分离器液位计
故障现象
或不能量油

## 故障原因

（1）由于室内温度低，原油凝固，使分离器进液管线冻堵，导致量油时分离器内无法进液。

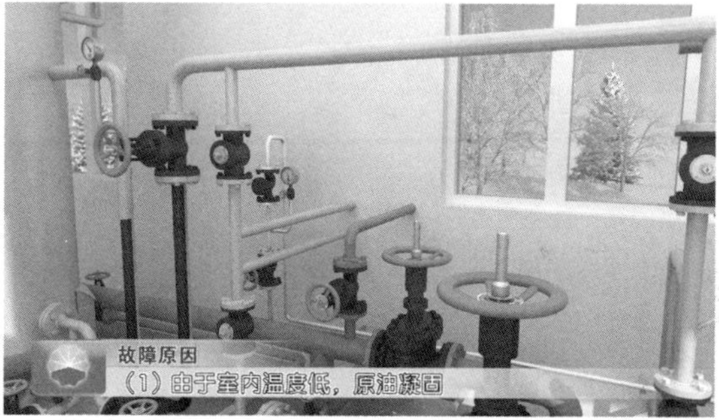

进液管线
故障原因
使分离器进液管线冻堵

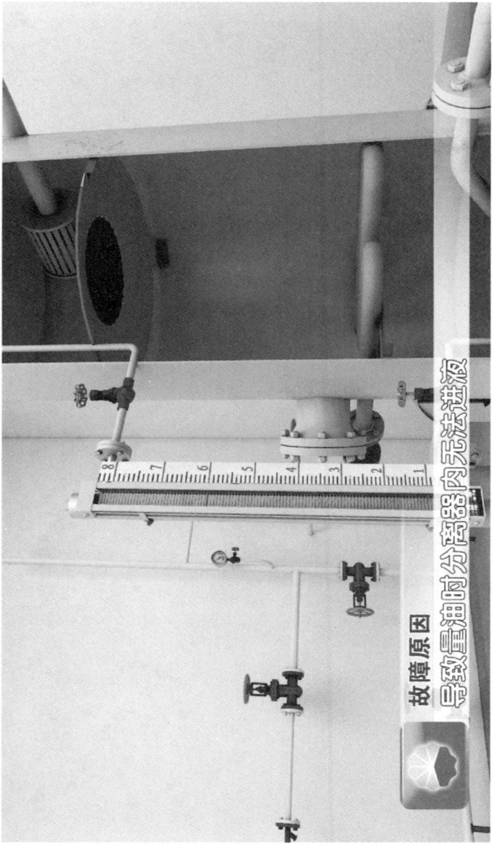
故障原因
导致量油时分离器内无法进液

（2）冬季生产时，分离器伴热阀门未打开，造成分离器出油管线冻堵，导致量油后分离器内液面无法排出。

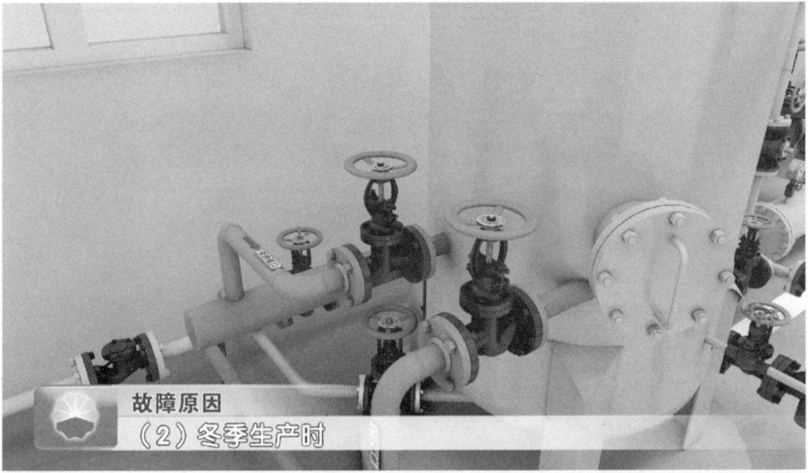

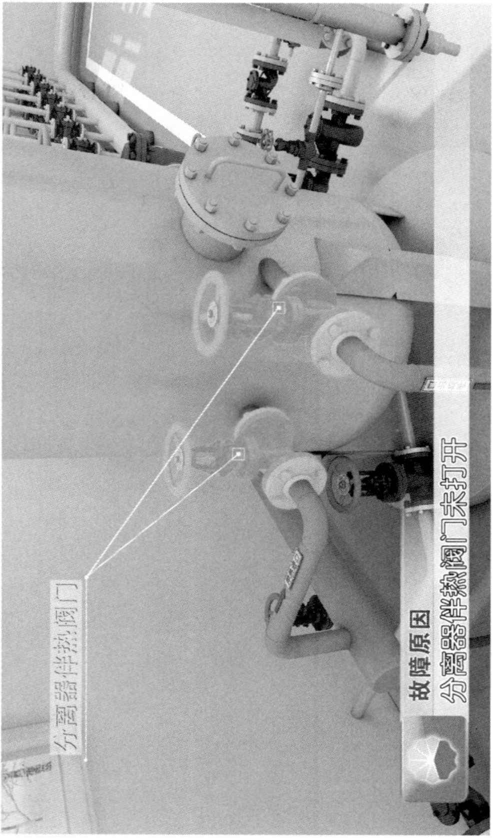
故障原因
分离器伴热阀门未打开
分离器伴热阀门

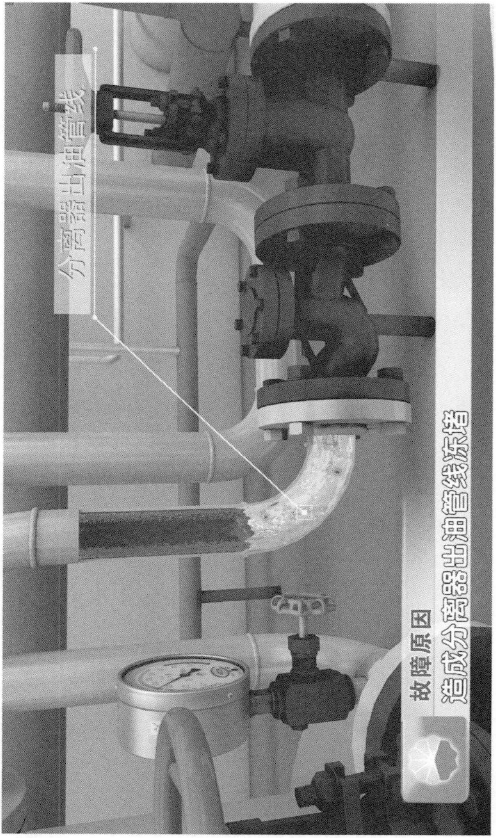
分离器出油管线
故障原因
造成分离器出油管线冻堵

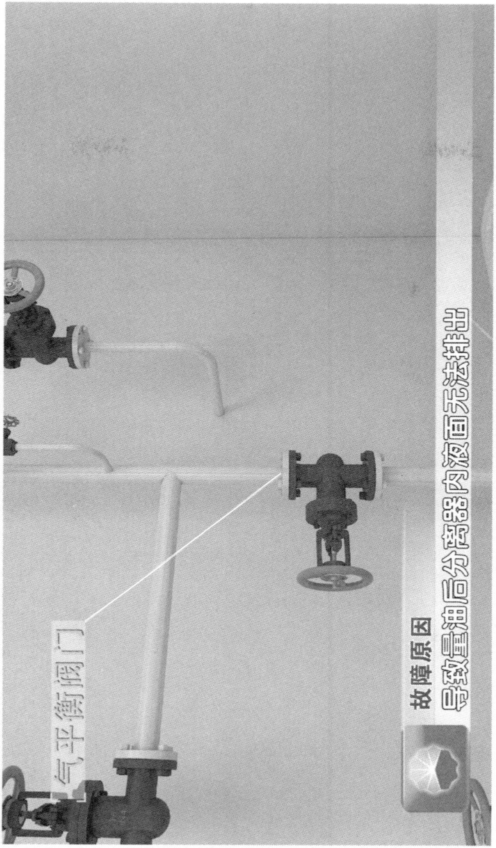
故障原因
导致量油后分离器内液面无法排出
气平衡阀门

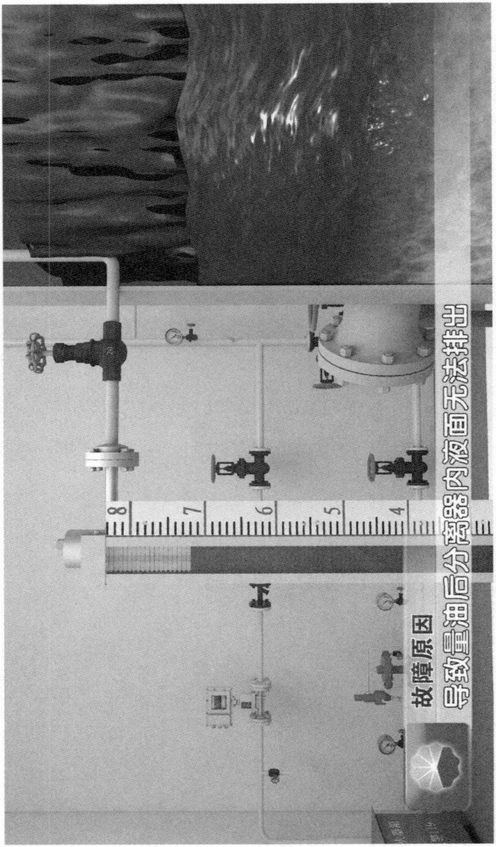
故障原因
导致量油后分离器内液面无法排出

## 处理方法

安全提示：处理计量间内故障时，应首先打开门窗进行通风换气。如计量间内发生硫化氢等有毒有害气体泄漏时，应对其进行检测和安全风险评估，排除中毒、火灾、爆炸等安全隐患后方可进行操作。

（1）当分离器进油管线、出油管线冻堵时，可以用热水淋浇冻堵部位。

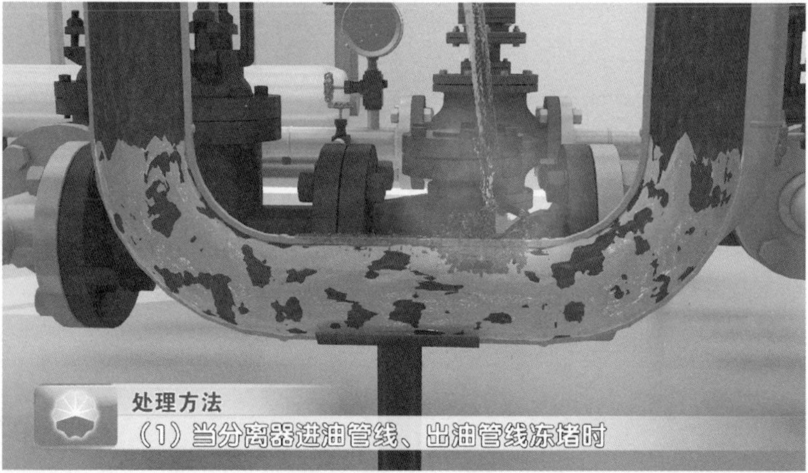
处理方法
（1）当分离器进油管线、出油管线冻堵时

处理方法
可以用热水淋浇冻堵部位

（2）冻堵处理完成后，恢复量油流程，开始进行量油。

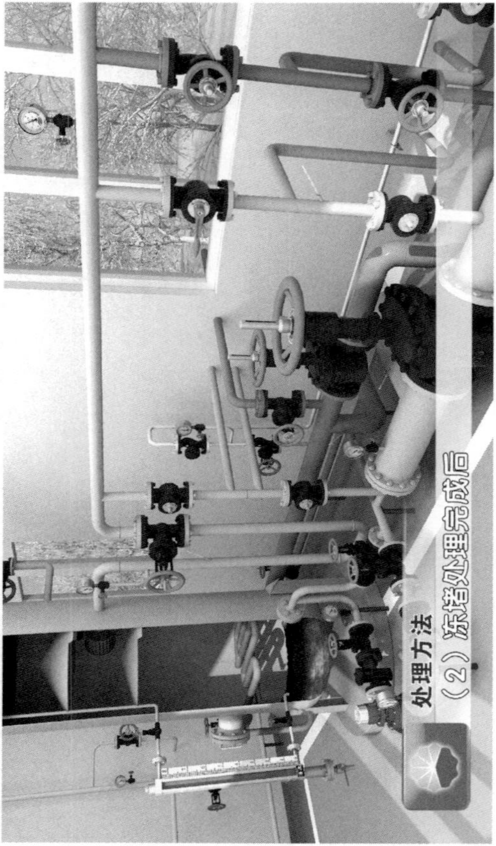

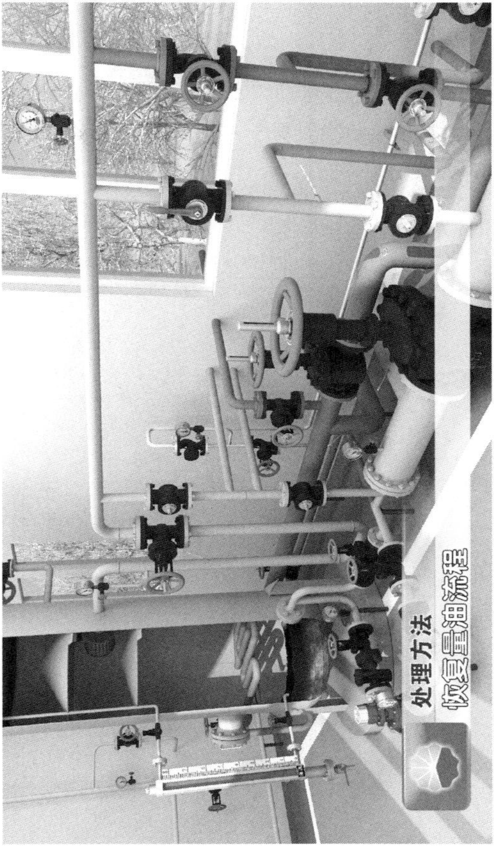
处理方法
恢复量油流程

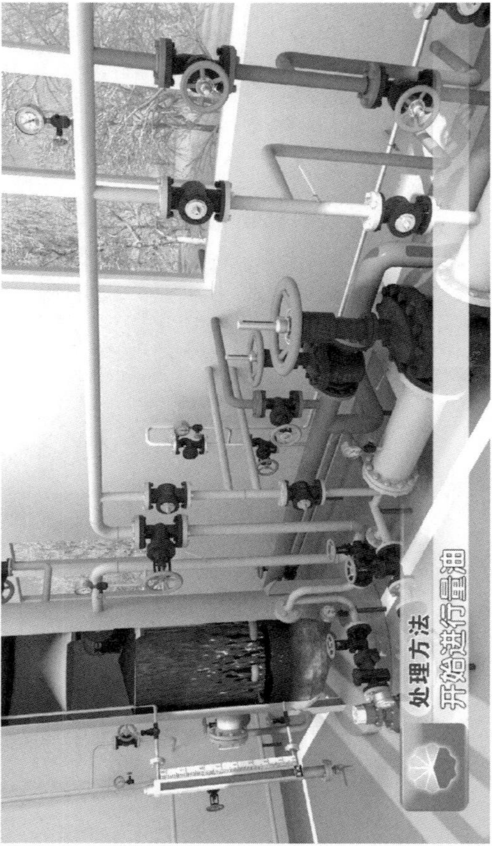
处理方法
开始进行量油

# 试 题

## 一、选择题（不限单选）

1. 计量间分离器量油系统管线出现冻堵故障时，用（ ）方法进行解堵。

A. 用明火烧　　B. 用热水淋浇

C. 用热油淋浇　　D. 用回压疏通

2. 冬季生产时，（ ）未打开，造成分离器出油管线冻堵。

A. 分离器进口阀门　B. 分离器出口阀门

C. 气平衡阀门　　D. 分离器伴热阀门

3. 计量间分离器量油系统管线出现冻堵的主要原因是（ ）。

A. 室内温度高，原油含蜡低

B. 原油凝固点低

C. 室内温度低，原油凝固

D. 原油含水高

4. 由于室内温度低、原油凝固，使（ ）进液管线冻堵，导致量油时无法进液。

A. 二合一　　B. 分离器

C. 三合一　　D. 采暖炉

5. 冬季生产时，分离器出油管线冻堵，导致（ ）后分离器内液面无法排出。

A. 热洗　　B. 量掺水

C. 量油　　D. 取样

6. 计量间是油气计量、（ ）、热洗的处理中心。

A. 注水　　B. 取样

C. 加药　　D. 掺水

## 二、判断题

1. 计量间分离器量油系统管线易冻堵的部位有分离器进口、分离器出口、气出口等。（ ）

2. 计量间分离器量油系统管线在冬季应保

持畅通，防止发生不能进行计量的故障。（ ）

3. 计量间量油系统冻堵故障处理后，应打开分离器伴热管线进行伴热。（ ）

4. 计量间量油系统冻堵处理完成后，恢复热洗流程，开始进行量油。（ ）

# 试题参考答案

## 一、选择题

| 题号 | 1 | 2 | 3 | 4 | 5 | 6 |
|---|---|---|---|---|---|---|
| 答案 | B | D | C | B | C | D |

## 二、判断题

| 题号 | 1 | 2 | 3 | 4 |
|---|---|---|---|---|
| 答案 | √ | × | √ | × |

# 《计量间生产故障分析与处理》

| 分册序号 | 分册书名 |
| --- | --- |
| 1 | 计量间量油时玻璃管内无液面故障及处理 |
| 2 | 计量间量油不准故障及处理 |
| 3 | 计量间分离器冒罐故障及处理 |
| 4 | 计量间分离器量油系统管线冻堵故障及处理 |
| 5 | 计量间法兰垫片或压力表刺漏故障及处理 |
| 6 | 计量间掺水或回油管线穿孔故障及处理 |

采油工安全生产标准化操作丛书

中国石油人事部
中国石油勘探与生产分公司 编

计量间生产故障分析与处理 5

# 计量间法兰垫片或压力表刺漏故障及处理

石油工業出版社

**图书在版编目（CIP）数据**

计量间生产故障分析与处理 / 中国石油人事部，中国石油勘探与生产分公司编 .—北京：石油工业出版社，2019.5
（采油工安全生产标准化操作丛书）
ISBN 978-7-5183-3272-4

Ⅰ. ①计…　Ⅱ. ①中…　②中…　Ⅲ. ①石油开采 – 生产设备 – 故障诊断　②石油开采 – 生产设备 – 故障修复
Ⅳ. ① TE93

中国版本图书馆 CIP 数据核字（2019）第 056097 号

---

出版发行：石油工业出版社
（北京安定门外安华里 2 区 1 号楼 100011）
网　址：www.petropub.com
编辑部：（010）64210387
图书营销中心：（010）64523633
经　　销：全国新华书店
印　　刷：北京中石油彩色印刷有限责任公司

---

2019 年 5 月第 1 版　2019 年 5 月第 1 次印刷
880 × 1230 毫米　开本：1/64　印张：5.0625
字数：80 千字

---

定价：90.00 元（全 6 册）
（如出现印装质量问题，我社图书营销中心负责调换）

# 《采油工安全生产标准化操作丛书》
# 编　委　会

# 《计量间生产故障分析与处理 5 计量间法兰垫片或压力表刺漏故障及处理》

## 编 委 会

主　编：吴　奇

副主编：王　健　白丽君　仝婷婷

委　员：吴文君　董敬宁　李雪莲

张春超　杨海波　王冬艳

谭洪彬　赵凤慧　邹宏刚

吕庆东　韩旭龙　张云辉

胡胜杰　郑海峰　孙　萌

# 开发单位

中国石油天然气股份有限公司勘探与生产分公司

大庆油田有限责任公司人事部（党委组织部）

大庆油田有限责任公司开发部

大庆油田有限责任公司质量安全环保部

大庆油田有限责任公司第二采油厂

大庆油田有限责任公司第四采油厂

大庆油田有限责任公司第六采油厂

大庆油田有限责任公司文化集团

大庆油田有限责任公司人才开发院

大庆油田有限责任公司大庆医学高等专科学校

# 合作单位

长庆油田分公司

辽河油田分公司

新疆油田分公司

大港油田分公司

华北油田分公司

石油工业出版社

# FOREWORD 序

“求木之长者，必固其根本；欲流之远者，必浚其泉源。”2017 年，党中央、国务院印发了《新时期产业工人队伍建设改革方案》，明确指出，产业工人是工人阶级中发挥支撑作用的主体力量，是创造社会财富的中坚力量，是创新驱动发展的骨干力量，是实施制造强国战略的有生力量。同时提出，要造就一支有理想守信念、懂技术会创新、敢担当讲奉献的宏大的产业工人队伍。这充分体现了党和国家对产业工人队伍建设的关心支持。

中国石油牢固树立以人为本、质量至上、安全第一、环保优先的理念，坚持施行标准化操作作为保证安全生产、深化精细管理、实现

企业内涵发展的重要支撑。中国石油将提升员工技能水平作为抓好产业工人队伍建设的主攻方向，把标准化操作固化成基层单位和干部职工尤其是新员工的行为准则和工作标准，牢固树立“上标准岗、干标准活”的工作意识和理念，形成人人讲安全、人人会安全、人人都安全的良好局面。

守正笃实，久久为功。提升员工技能操作水平是一项长期而艰巨的任务，完善标准是基础，加强领导是保障，优化执行是根本。这需要大家积极推广标准化操作工作，不断加强和改进操作流程与标准，不断规范与完善标准化操作，引导广大员工全面提升对标准化操作的认知度，全面提升标准化操作执行力，规范本质化安全行为，推进各项工作上水平。

中国石油人事部和中国石油勘探与生产分公司共同组织编写的《采油工安全生产标准化

操作丛书》及配套的视频课件，包含中国石油各油气田单位通用性的140个基本操作，具有开发标准高、内容全面、注重安全风险、应用范围广、培训效果突出等方面优点。相对应的视频课件利用三维动画技术，通过分解、剖切等方式展示常规不可见的设备内部结构，让员工学习起来更加直观，是一套“看得懂、学得会、易掌握”的实用教材，真正做到了将“技术有形化”，填补了中国石油安全生产操作培训课件方面的空白，为进一步提升操作员工整体素质提供有力支撑。

目前，跨国公司员工培训已经进入了“互联网+培训”的员工混合式培训阶段，以多终端应用设备为载体，展现多种资源，结合线下培训和社区化学习模式，以网络化应用进行培训评估，实现可规划路径的人才发展优化培训。这套丛书从生产实际出发，以满足需求为导向，

以促进员工养成标准化操作习惯为目标，实践性和针对性都很强。同时，大批专家的参与写作使教材的权威性有了保证。丛书配套的视频课件可以满足石油员工远程移动学习，也可以满足员工单机高清自学和集中学习。这样就形成了三位一体的员工培训模式，逐步迈入员工混合式培训阶段。希望这套丛书的出版发行，能为促进中国石油员工培训工作的深入开展，为促进员工操作技能水平的不断提升，为推动油气主业高质量发展，为实现中国石油建成世界一流综合性国际能源公司作出积极贡献。

中国石油天然气集团有限公司
总经理助理、人事部总经理 刘志华

# PREFACE 前言

采油工是油田企业主体关键工种之一，在中国石油操作类员工中占比较大，采油工技能水平的高低，对油田的安全平稳生产起到至关重要的作用。为进一步提高采油工的基本素质和业务技能水平，中国石油人事部和中国石油勘探与生产分公司于 2016 年联合启动了采油工安全生产标准化操作视频培训课件开发项目，成立了课件编委会，委托大庆油田公司负责课件具体编制工作，并确定长庆、辽河、新疆、大港、华北 5 家油田公司和石油工业出版社，共同配合大庆油田做好视频培训课件编制工作。

课件开发过程中，大庆油田高度重视，按照“实际、实用、实效”的原则，专门成立了

课件开发工作领导组，组织公司人事部、开发部、安全环保部、第二采油厂、第四采油厂等9个部门和二级单位共同参与，共计抽调了100余名专家参与项目的研发设计。勘探与生产分公司加强过程监督和质量把控,针对开发方案、课件脚本、制作标准、课件样片等内容，按照不同工作节点先后组织三次大的集中审核会议，邀请中国石油各油田行业专家建言献策，为提高课件的通用性和实用性奠定坚实基础。大庆油田按照总体工作要求，历时两年，完成了视频培训课件的编制任务，并同步完成《采油工安全生产标准化操作丛书》的编写工作。本套丛书紧贴油田生产实际，以采油工岗位职责为依据，包含《安全防护用具使用》《工具、用具、量具使用》《采油工艺简介》《抽油机井标准化操作》《电动潜油泵井标准化操作》《电动螺杆泵井标准化操作》《注水井标准化操作》

《计量间标准化操作》《抽油机井生产故障分析与处理》《电动潜油泵井生产故障分析与处理》《电动螺杆泵井生产故障分析与处理》《注水井生产故障分析与处理》《计量间生产故障分析与处理》《现场应急救护》，共14种140个分册。本套丛书具有突出的实用性和规范性特点,可广泛用于新员工岗前培训、日常岗位练兵、鉴定考前培训、师徒帮带、技能竞赛等学习培训活动。

希望本套丛书能够为各石油企业提供借鉴，为今后采油工岗位培训的扎实有效开展提供有力保障。由于各油田在采油工艺、设备等方面存在差异性，书中难免有不足之处，敬请读者批评指正。

编者

2018年8月

# CONTENTS 目录

## 故障现象

计量间在生产运行过程中，当法兰、压力表连接处出现渗、刺漏现象时，不及时处理易引起火灾、爆炸、中毒等安全事故，给油田的安全生产带来隐患。

故障现象
计量间在生产运行过程中

故障现象
当法兰、压力表连接处出现渗、刺漏现象时

故障现象
当法兰、压力表连接处出现渗、刺漏现象时

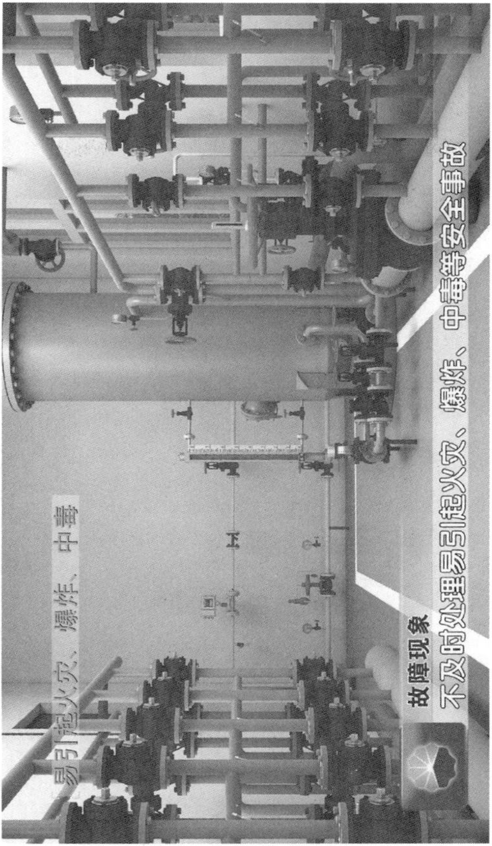
易引起火灾、爆炸、中毒
故障现象
不及时处理易引起火灾、爆炸、中毒等安全事故

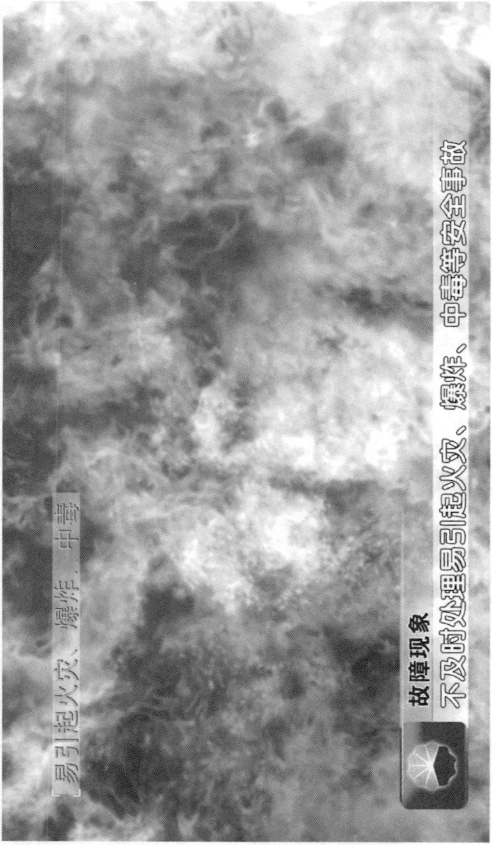
易引起火灾、爆炸、中毒
故障现象
不及时处理易引起火灾、爆炸、中毒等安全事故

故障现象
给油田的安全生产带来隐患

## 故障原因

（1）法兰密封面损坏，安装垫片时法兰密封面清理不干净有脏物，密封效果差，导致液体从法兰密封面间刺漏。

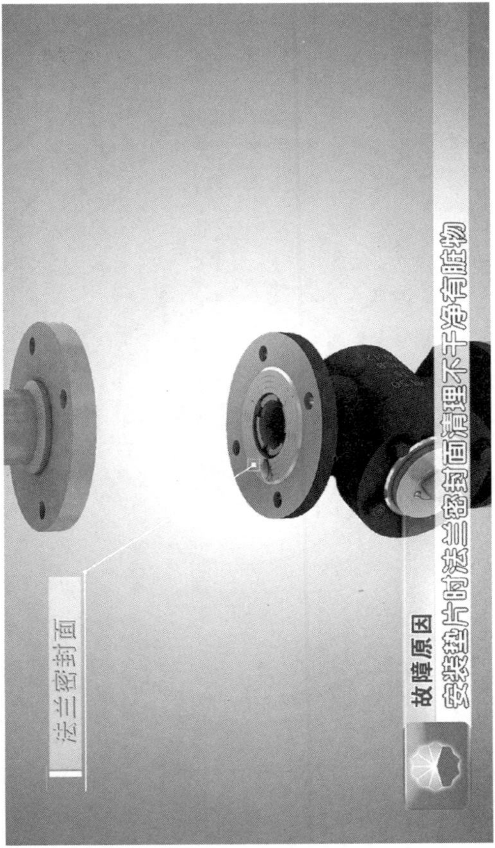
故障原因
安装垫片时法兰密封面清理不干净有脏物
法兰密封面

故障原因
密封效果差，导致液体从法兰密封面间刺漏

（2）法兰垫片损坏，使法兰垫片密封性变差，导致液体从法兰密封面间刺漏。

故障原因
使法兰垫片密封性变差

故障原因
导致液体从法兰密封面间刺漏

（3）法兰螺栓松动，使法兰密封面和垫片不能形成有效密封，导致液体从两法兰密封面间刺漏。

故障原因
使法兰密封面和垫片不能形成有效密封

故障原因
导致液体从两法兰密封面间刺漏

（4）法兰间隙不一致，造成法兰垫片受力不均匀，影响密封效果，导致液体从法兰密封面间刺漏。

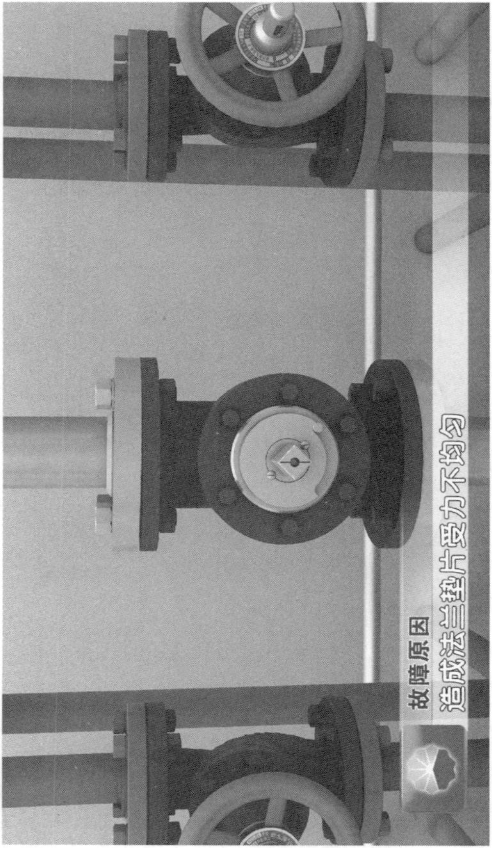
故障原因
造成法兰垫片受力不均匀

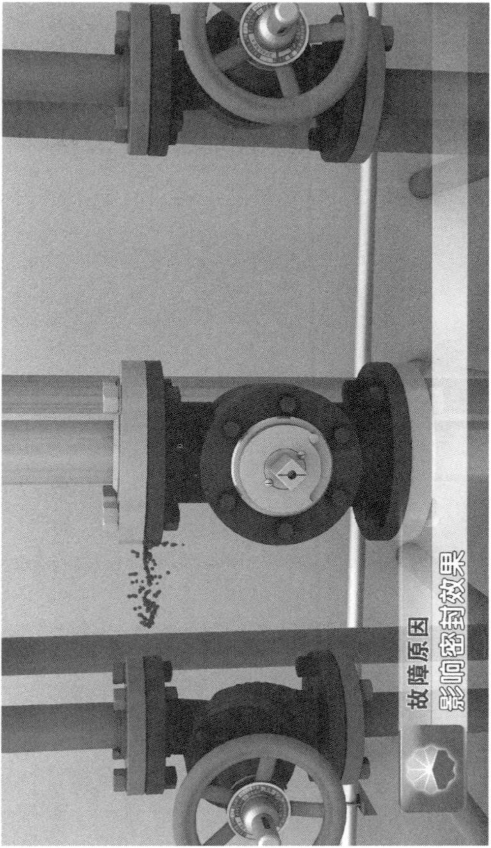
故障原因
影响密封效果

故障原因
导致液体从法兰密封面间刺漏

（5）流程未倒通，系统超压，导致液体从法兰密封面间刺漏。

故障原因
系统超压

故障原因
导致液体从法兰密封面间刺漏

（6）压力表内弹簧管受被测介质腐蚀，引起弹簧管刺漏。

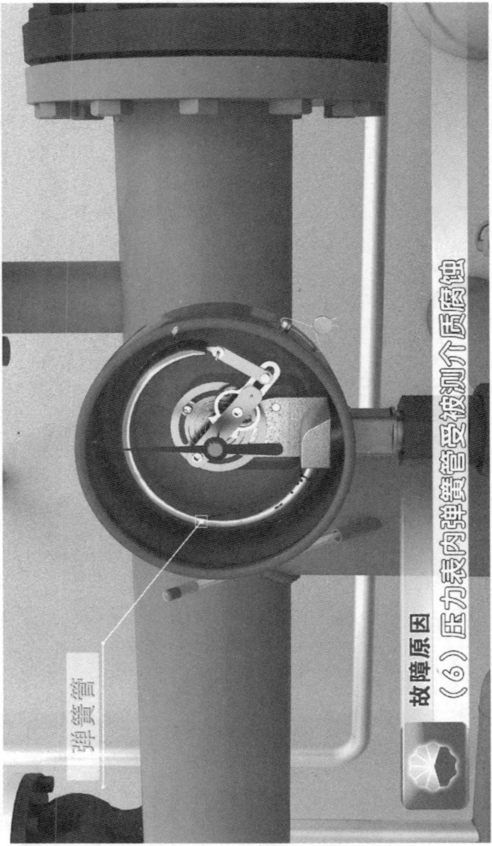
弹簧管
故障原因
（6）压力表内弹簧管受被测介质腐蚀

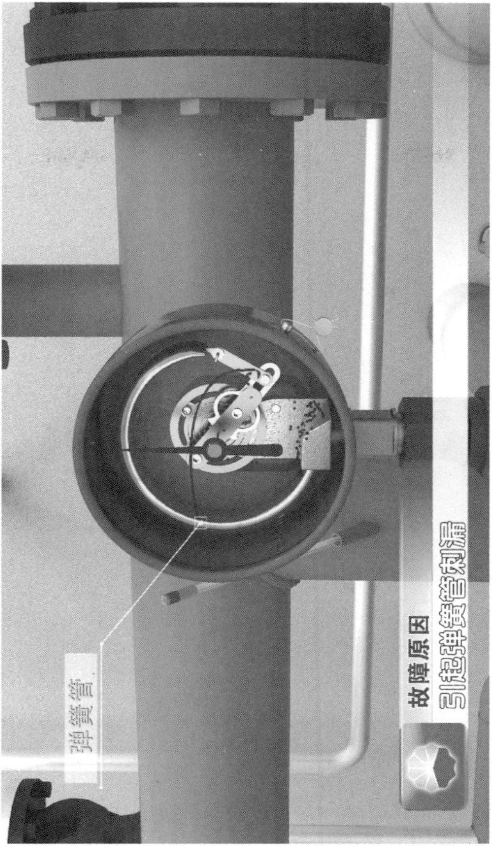
故障原因
引起弹簧管刺漏
弹簧管

（7）表接头未上紧或压力表密封垫损坏，造成连接处渗漏。

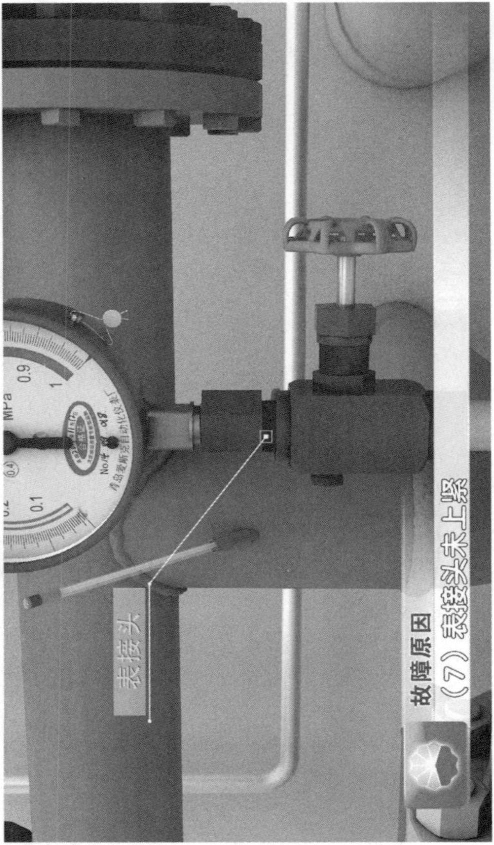

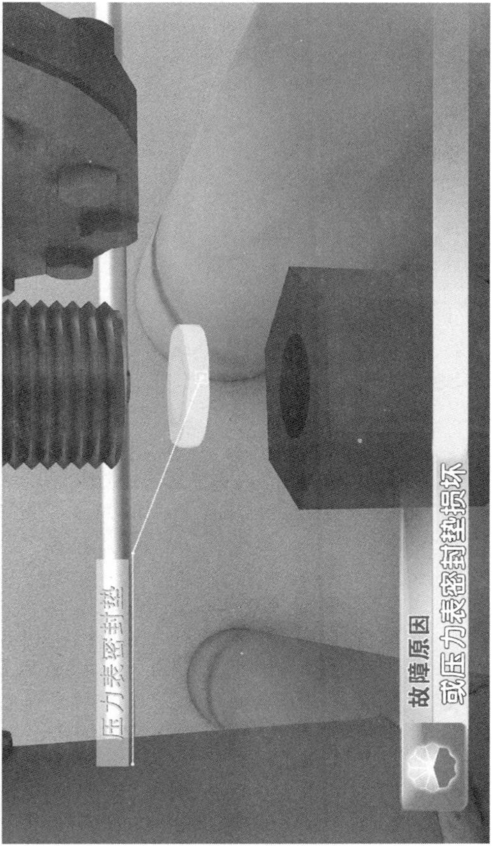
压力表密封垫
故障原因
或压力表密封垫损坏

故障原因
造成连接处渗漏
MPa

## 处理方法

安全提示：处理计量间法兰垫片及压力表发生刺漏故障时，必须先进行倒流程，泄压后，方可操作。

（1）当法兰垫片或法兰密封面损坏时，更换新垫片或法兰阀门。安装时检查清理法兰密封面及垫片。对称均匀紧固螺栓，使法兰间隙一致，确保密封良好。

处理方法
更换新垫片或法兰阀门

处理方法
安装时检查清理法兰密封面及垫片

处理方法
对称均匀紧固螺栓

处理方法
使法兰间隙一致，确保密封良好

（2）正确倒通流程，按操作规程处理刺漏部位。

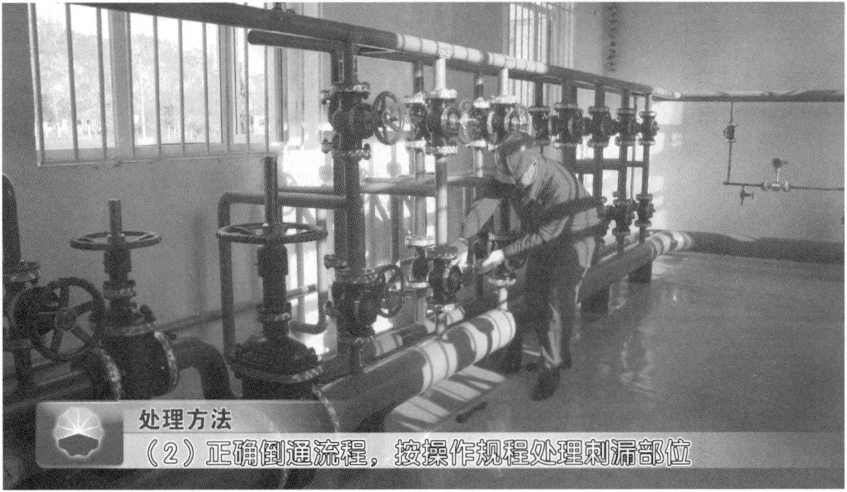
处理方法
（2）正确倒通流程，按操作规程处理刺漏部位

（3）当压力表损坏时，应更换压力表。安装时垫好密封垫，紧固压力表，试压后达到不渗、不漏。

处理方法
应更换压力表

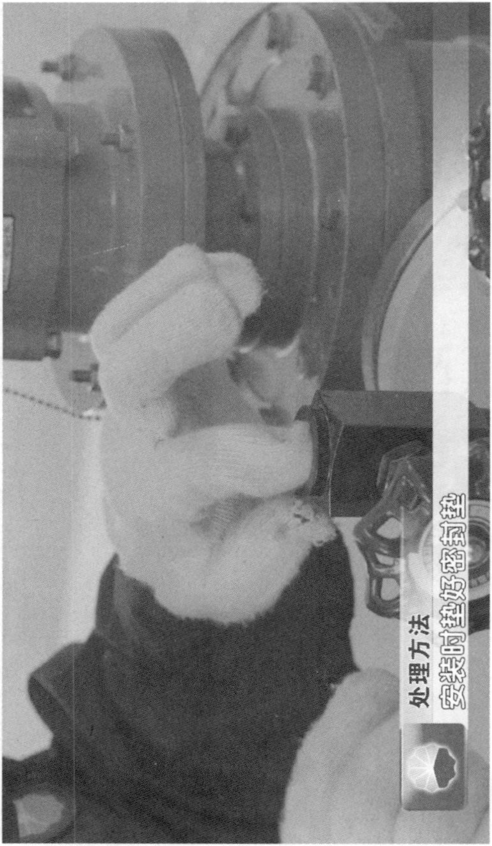
处理方法
安装时垫好密封垫

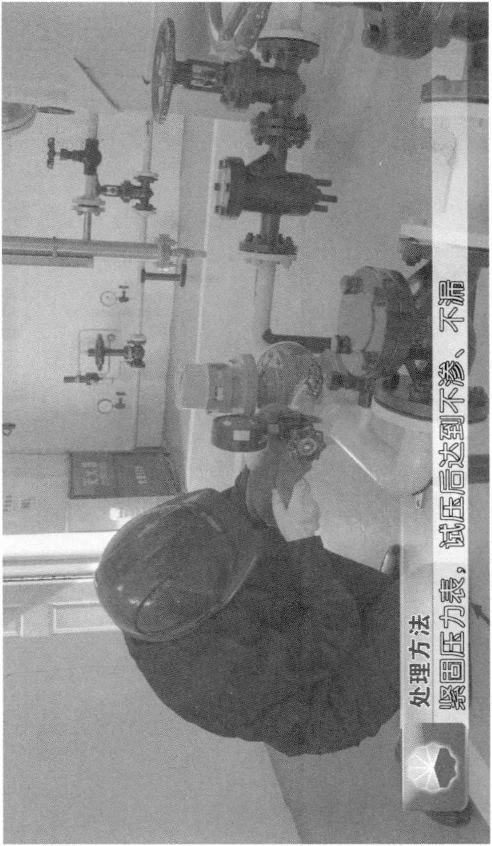
处理方法
紧固压力表，试压后达到不渗、不漏

# 试　题

## 一、选择题（不限单选）

1. 计量间在生产运行过程中，出现渗漏现象，不及时处理易引起火灾、爆炸、（　）等安全事故。

A. 摔伤　　B. 中毒

C. 冻伤　　D. 电击

2. 法兰垫片损坏，使法兰垫片（　）变差，导致液体从法兰间隙刺漏。

A. 连接性　　B. 润滑性

C. 密封性　　D. 牢固性

3. 计量间更换法兰垫片，紧固螺栓时，要均匀紧固，保证（　）一致，确保密封良好。

A. 管线间隙　　B. 螺栓长度

C. 阀门间隙　　D. 法兰间隙

4. 压力表的（　）受被测介质腐蚀，引起刺漏。

A. 扇形齿轮　　B. 游丝

C. 表盘　　D. 弹簧管

5. 压力表的额定量程范围应在表盘上刻度的（　）处。

A. $^1/_4 \sim {}^1/_2$　　B. $^1/_3 \sim {}^1/_2$

C. $^1/_3 \sim {}^2/_3$　　D. $^1/_2 \sim {}^2/_3$

6. 计量间法兰垫片刺漏故障处理的方法是（　），确保密封良好。

A. 更换新垫片　　B. 更换法兰阀门

C. 紧固阀门螺栓　　D. 涂抹密封胶

## 二、判断题

1. 安装压力表时，在无扳手的情况下可用手扳表头将压力表上紧。（　）

2. 更换新垫片或法兰阀门时，无需检查清理法兰密封面及垫片可直接对称均匀紧固螺栓。（　）

3.压力表接头未上紧或压力表密封垫损坏，连接处易发生渗漏。（ ）

4.法兰螺栓松动，使法兰密封面和垫片不能形成有效密封，导致液体从法兰阀门丝杆处刺漏。（ ）

# 试题参考答案

## 一、选择题

| 题号 | 1 | 2 | 3 | 4 | 5 | 6 |
|---|---|---|---|---|---|---|
| 答案 | B | C | D | D | C | A |

## 二、判断题

| 题号 | 1 | 2 | 3 | 4 |
|---|---|---|---|---|
| 答案 | × | × | √ | × |

# 《计量间生产故障分析与处理》

| 分册序号 | 分册书名 |
| --- | --- |
| 1 | 计量间量油时玻璃管内无液面故障及处理 |
| 2 | 计量间量油不准故障及处理 |
| 3 | 计量间分离器冒罐故障及处理 |
| 4 | 计量间分离器量油系统管线冻堵故障及处理 |
| 5 | 计量间法兰垫片或压力表刺漏故障及处理 |
| 6 | 计量间掺水或回油管线穿孔故障及处理 |

采油工安全生产标准化操作丛书

中国石油人事部
中国石油勘探与生产分公司 编

计量间生产故障分析与处理 6

# 计量间掺水或回油管线穿孔故障及处理

石油工业出版社

**图书在版编目（CIP）数据**

计量间生产故障分析与处理 / 中国石油人事部，中国石油勘探与生产分公司编 .—北京：石油工业出版社，2019.5

（采油工安全生产标准化操作丛书）

ISBN 978-7-5183-3272-4

Ⅰ.①计… Ⅱ.①中… ②中… Ⅲ.①石油开采－生产设备－故障诊断 ②石油开采－生产设备－故障修复 Ⅳ.①TE93

中国版本图书馆 CIP 数据核字（2019）第 056097 号

---

出版发行：石油工业出版社
（北京安定门外安华里 2 区 1 号楼 100011）
网　址：www.petropub.com
编辑部：（010）64210387
图书营销中心：（010）64523633
经　　销：全国新华书店
印　　刷：北京中石油彩色印刷有限责任公司

---

2019 年 5 月第 1 版　2019 年 5 月第 1 次印刷
880 × 1230 毫米　开本：1/64　印张：5.0625
字数：80 千字

---

定价：90.00 元（全 6 册）
（如出现印装质量问题，我社图书营销中心负责调换）

# 《采油工安全生产标准化操作丛书》
# 编 委 会

# 《计量间生产故障分析与处理 6 计量间掺水或回油管线穿孔故障及处理》编委会


主　编：吴　奇

副主编：李鸿婧　王冬艳　生凤英

委　员：吴文君　董敬宁　白丽君

张春超　王慧玲　左星梅

杨海波　邹宏刚　吕庆东

韩旭龙　张云辉　胡胜杰

魏小羽　闫琳琳　杨　雪

# 开发单位

中国石油天然气股份有限公司勘探与生产分公司

大庆油田有限责任公司人事部（党委组织部）

大庆油田有限责任公司开发部

大庆油田有限责任公司质量安全环保部

大庆油田有限责任公司第二采油厂

大庆油田有限责任公司第四采油厂

大庆油田有限责任公司第六采油厂

大庆油田有限责任公司文化集团

大庆油田有限责任公司人才开发院

大庆油田有限责任公司大庆医学高等专科学校

# 合作单位

长庆油田分公司

辽河油田分公司

新疆油田分公司

大港油田分公司

华北油田分公司

石油工业出版社

# Foreword 序

“求木之长者，必固其根本；欲流之远者，必浚其泉源。”2017年，党中央、国务院印发了《新时期产业工人队伍建设改革方案》，明确指出，产业工人是工人阶级中发挥支撑作用的主体力量，是创造社会财富的中坚力量，是创新驱动发展的骨干力量，是实施制造强国战略的有生力量。同时提出，要造就一支有理想守信念、懂技术会创新、敢担当讲奉献的宏大的产业工人队伍。这充分体现了党和国家对产业工人队伍建设的关心支持。

中国石油牢固树立以人为本、质量至上、安全第一、环保优先的理念，坚持施行标准化操作作为保证安全生产、深化精细管理、实现

企业内涵发展的重要支撑。中国石油将提升员工技能水平作为抓好产业工人队伍建设的主攻方向，把标准化操作固化成基层单位和干部职工尤其是新员工的行为准则和工作标准，牢固树立“上标准岗、干标准活”的工作意识和理念，形成人人讲安全、人人会安全、人人都安全的良好局面。

守正笃实，久久为功。提升员工技能操作水平是一项长期而艰巨的任务，完善标准是基础，加强领导是保障，优化执行是根本。这需要大家积极推广标准化操作工作，不断加强和改进操作流程与标准，不断规范与完善标准化操作，引导广大员工全面提升对标准化操作的认知度，全面提升标准化操作执行力，规范本质化安全行为，推进各项工作上水平。

中国石油人事部和中国石油勘探与生产分公司共同组织编写的《采油工安全生产标准化

操作丛书》及配套的视频课件，包含中国石油各油气田单位通用性的140个基本操作，具有开发标准高、内容全面、注重安全风险、应用范围广、培训效果突出等方面优点。相对应的视频课件利用三维动画技术，通过分解、剖切等方式展示常规不可见的设备内部结构，让员工学习起来更加直观，是一套“看得懂、学得会、易掌握”的实用教材，真正做到了将“技术有形化”，填补了中国石油安全生产操作培训课件方面的空白，为进一步提升操作员工整体素质提供有力支撑。

目前，跨国公司员工培训已经进入了“互联网+培训”的员工混合式培训阶段，以多终端应用设备为载体，展现多种资源，结合线下培训和社区化学习模式，以网络化应用进行培训评估，实现可规划路径的人才发展优化培训。这套丛书从生产实际出发，以满足需求为导向，

以促进员工养成标准化操作习惯为目标，实践性和针对性都很强。同时，大批专家的参与写作使教材的权威性有了保证。丛书配套的视频课件可以满足石油员工远程移动学习，也可以满足员工单机高清自学和集中学习。这样就形成了三位一体的员工培训模式，逐步迈入员工混合式培训阶段。希望这套丛书的出版发行，能为促进中国石油员工培训工作的深入开展，为促进员工操作技能水平的不断提升，为推动油气主业高质量发展，为实现中国石油建成世界一流综合性国际能源公司作出积极贡献。

中国石油天然气集团有限公司
总经理助理、人事部总经理　刘志华

# PREFACE 前言

采油工是油田企业主体关键工种之一，在中国石油操作类员工中占比较大，采油工技能水平的高低，对油田的安全平稳生产起到至关重要的作用。为进一步提高采油工的基本素质和业务技能水平，中国石油人事部和中国石油勘探与生产分公司于2016年联合启动了采油工安全生产标准化操作视频培训课件开发项目，成立了课件编委会，委托大庆油田公司负责课件具体编制工作，并确定长庆、辽河、新疆、大港、华北5家油田公司和石油工业出版社，共同配合大庆油田做好视频培训课件编制工作。

课件开发过程中，大庆油田高度重视，按照“实际、实用、实效”的原则，专门成立了

课件开发工作领导组，组织公司人事部、开发部、安全环保部、第二采油厂、第四采油厂等 9 个部门和二级单位共同参与，共计抽调了 100 余名专家参与项目的研发设计。勘探与生产分公司加强过程监督和质量把控,针对开发方案、课件脚本、制作标准、课件样片等内容，按照不同工作节点先后组织三次大的集中审核会议，邀请中国石油各油田行业专家建言献策，为提高课件的通用性和实用性奠定坚实基础。大庆油田按照总体工作要求，历时两年，完成了视频培训课件的编制任务，并同步完成《采油工安全生产标准化操作丛书》的编写工作。本套丛书紧贴油田生产实际，以采油工岗位职责为依据，包含《安全防护用具使用》《工具、用具、量具使用》《采油工艺简介》《抽油机井标准化操作》《电动潜油泵井标准化操作》《电动螺杆泵井标准化操作》《注水井标准化操作》

《计量间标准化操作》《抽油机井生产故障分析与处理》《电动潜油泵井生产故障分析与处理》《电动螺杆泵井生产故障分析与处理》《注水井生产故障分析与处理》《计量间生产故障分析与处理》《现场应急救护》，共 14 种 140 个分册。本套丛书具有突出的实用性和规范性特点，可广泛用于新员工岗前培训、日常岗位练兵、鉴定考前培训、师徒帮带、技能竞赛等学习培训活动。

希望本套丛书能够为各石油企业提供借鉴，为今后采油工岗位培训的扎实有效开展提供有力保障。由于各油田在采油工艺、设备等方面存在差异性，书中难免有不足之处，敬请读者批评指正。

编者

2018 年 8 月

# CONTENTS 目录

## 故障现象

油气集输采用密闭工艺流程，生产中一旦发生穿孔现象，就会有油、气、水泄漏，污染环境并带来安全隐患。

故障现象
生产中一旦发生穿孔现象，就会有油、气、水泄漏

故障现象
污染环境并带来安全隐患

## 故障原因

（1）管线腐蚀，承压能力降低，造成管线穿孔。

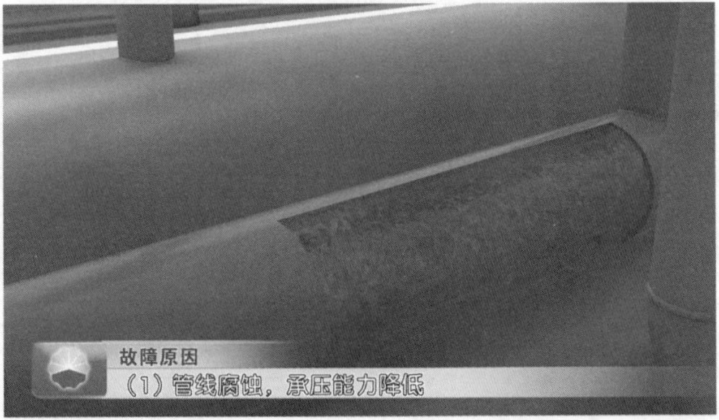

故障原因
造成管线穿孔

（2）管线焊接质量不合格，焊道有砂眼，液体从砂眼刺出，造成管线穿孔。

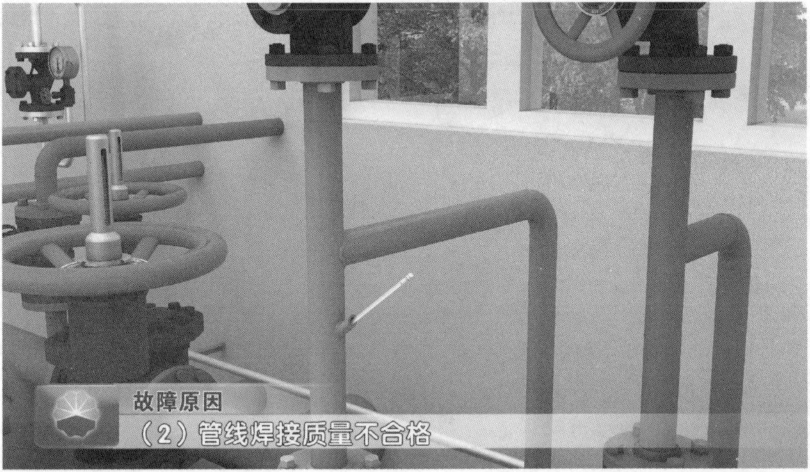

故障原因
焊道有砂眼

故障原因
液体从砂眼刺出，造成管线穿孔

## 处理方法

发现管线穿孔后，打开门窗通风，立即汇报。

处理方法
打开门窗通风

处理方法
立即汇报

根据穿孔部位倒流程泄压，做好安全防护工作，由专业焊接人员对漏点补焊或更换新管线。

处理方法
做好安全防护工作

处理方法
由专业焊接人员对漏点补焊或更换新管线

# 试　题

## 一、选择题（不限单选）

1. 计量间发现穿孔后，应立即（　），查找漏点，倒流程进行泄压处理。

A. 打电话汇报

B. 打开门窗通风

C. 关闭能控制的阀门

D. 等待指挥人员到达再处理

2. 计量间发生穿孔后，要倒流程泄压，由（　）对泄漏点进行补焊或者更换管线。

A. 班组长　　B. 安全负责人

C. 岗位员工　　D. 专业焊接人员

3. 计量间内（　）或焊接质量不合格，容易造成管线穿孔，就会有 油、气、水泄漏，造成环境污染。

A. 管线降压　　　　B. 管线接错

C. 管线输送液量小　D. 管线腐蚀

4. 计量间回油管线穿孔后，应根据穿孔部位倒流程泄压，做好（　）工作，由专业焊接人员对漏点补焊或更换新管线。

A. 安全防护　　　　B. 生产准备

C. 停产准备　　　　D. 设备保养

5. 油、水井口、计量间动火均为（　）动火。由施工单位制定出措施，填写动火报告书，报矿安全组批准后方可动火。

A. 一级　　　　B. 二级

C. 三级　　　　D. 四级

6. 计量间回油管线穿孔可造成（　）油气泄漏引发着火爆炸、环境污染、人员中毒等危害。

A. 计量间回压下降

B. 计量间回压上升

C. 计量间掺水压力上升

D. 掺水压力下降

7. 计量间掺水或回油管线穿孔的原因（　）。

A. 管线堵塞造成穿孔

B. 掺水压力低造成管线穿孔

C. 回油压力低造成穿孔

D. 管线腐蚀、管线焊接质量不合格，有砂眼造成穿孔

## 二、判断题

1. 油气集输采用敞开式工艺流程，生产中一旦发生穿孔现象就会造成油、气、水泄漏。（　）

2. 油气集输生产中，管线穿孔油、气、水泄漏，会污染环境但不会带来安全隐患。（　）

3. 管线腐蚀，承压能力升高，造成管线穿孔。（　）

4. 管线焊接质量不合格，焊道有砂眼，液体从砂眼刺出，造成管线穿孔。（　）

# 试题参考答案

## 一、选择题

| 题号 | 1 | 2 | 3 | 4 | 5 | 6 | 7 |
|---|---|---|---|---|---|---|---|
| 答案 | B | D | D | A | C | A | D |

## 二、判断题

| 题号 | 1 | 2 | 3 | 4 |
|---|---|---|---|---|
| 答案 | × | × | × | √ |

# 《计量间生产故障分析与处理》

| 分册序号 | 分册书名 |
|---|---|
| 1 | 计量间量油时玻璃管内无液面故障及处理 |
| 2 | 计量间量油不准故障及处理 |
| 3 | 计量间分离器冒罐故障及处理 |
| 4 | 计量间分离器量油系统管线冻堵故障及处理 |
| 5 | 计量间法兰垫片或压力表刺漏故障及处理 |
| 6 | 计量间掺水或回油管线穿孔故障及处理 |